电子技术项目教程

主　编　盛　艳　李繁荣　刘新艳
副主编　陈　涛　严伦达　安莉莉　刘　勇　钟志立

重庆大学出版社

内容提要

本书根据高职教育要求，结合电子、电气类专业就业岗位能力要求编写而成，主要包括直流稳压电源、电子助听器的制作、三人表决器的制作、简易电梯呼叫系统和三路抢答器的制作5个项目。每个项目设置实践任务，由浅入深，以学生为中心进行教学活动。本书力求少而精，强调理论联系实际，注重实践技能的培养和训练，本书配套有电子课件、教学视频、仿真软件操作视频及题库等教学资源。

本书可作为高职高专的电气自动化、机电一体化、建筑智能化工程技术、电梯工程技术等专业的教材，也可供工程技术人员学习参考。

图书在版编目(CIP)数据

电子技术项目教程 / 盛艳，李繁荣，刘新艳主编
. -- 重庆：重庆大学出版社，2023.1
ISBN 978-7-5689-3648-4

Ⅰ. ①电… Ⅱ. ①盛… ②李… ③刘… Ⅲ. ①电子技术—高等职业教育—教材 Ⅳ. ①TN

中国版本图书馆 CIP 数据核字(2022)第 237966 号

电子技术项目教程

主 编 盛 艳 李繁荣 刘新艳
策划编辑：荀荟羽
责任编辑：文 鹏 版式设计：荀荟羽
责任校对：关德强 责任印制：张 策

*

重庆大学出版社出版发行
出版人：饶帮华
社址：重庆市沙坪坝区大学城西路21号
邮编：401331
电话：(023)88617190 88617185(中小学)
传真：(023)88617186 88617166
网址：http://www.cqup.com.cn
邮箱：fxk@cqup.com.cn (营销中心)
全国新华书店经销
重庆市国丰印务有限责任公司印刷

*

开本：787mm×1092mm 1/16 印张：10.75 字数：271千
2023年1月第1版 2023年1月第1次印刷
印数：1—1 500
ISBN 978-7-5689-3648-4 定价：39.00元

前言

本书紧跟职业教育教学改革,依据“任务驱动、做中学、学中做”的编写思路,以解决实际项目的思路和操作为编写主线,后一个项目均以前一个项目的知识点为支撑,多个知识点间相互连贯。每个项目均由若干个具体的典型任务组成,每个任务又将相关知识和职业技能结合在一起,把知识、技能的学习融入任务完成过程中。本书突出技能培养在课程中的主体地位,采用全新的仿真教学模式,配有丰富的教学资源。

本书采用“教、学、做一体化”教学模式,可作为高职高专院校建筑智能化工程技术、电梯工程技术、计算机应用技术、电子信息、机电等相关专业电子技术基础课程的教材,也可作为广大电子产品制作爱好者的自学用书。设计学时为 64 学时。参考学时分配为项目一 10 学时、项目二 14 学时、项目三 10 学时、项目四 12 学时、项目五 18 学时。本书编写团队既有学校的骨干教师,又有项目研发人员和高新企业的工程师。成都工业职业技术学院盛艳、李繁荣、刘新艳担任主编,并对本书的编写思路及大纲进行了总体规划,指导全书的编写,承担全书各个项目的连贯及统稿工作; 陈涛、严伦达、安莉莉、刘勇、钟志立担任副主编。项目一由盛艳编写,项目二由李繁荣、刘勇编写,项目三由陈涛、严伦达编写,项目四由安莉莉编写,项目五由刘新艳编写。全书由钟志立进行审稿。本书视频录制工作由贺跃负责,在此表示衷心感谢。

由于编者水平有限,书中难免有不妥之处,敬请广大读者和专家批评指正。

编　者

2022 年 10 月

目录

项目一
直流稳压电源

项目描述

人们生活中所使用的所有电子设备都需要在电源的支持下正常工作，如计算机等。直流稳压电源能为负载提供稳定的直流电源，如图1.1所示。本项目制作一个直流稳压电路，分为3个任务，即二极管的识别与检测、整流电路、滤波和稳压电路。

图1.1　直流稳压电源

【学习目标】

认识整流电路、滤波电路和稳压电路，了解电路的工作原理，能识读电路图；了解电路的主要特性及应用场合。

【技能目标】

会正确搭建整流滤波稳压电路，会对电路进行测试；能安装和调试直流稳压电源，能对简单故障进行检修；具备识读电子产品电路原理图的能力，掌握相应的焊接技术和焊接工艺。

【素质目标】

实验过程中安全操作，严格执行实验室"7S"管理要求，培养自身职业素养和劳动习惯，增强团队意识和创新意识。

任务1.1　二极管的识别与检测

任务目标

1. 了解二极管的种类、功能及特性。
2. 掌握二极管的伏安特性及工作原理。
3. 了解二极管的参数与选用思路。
4. 能使用万用表测试二极管的极性和工作状态。

【任务描述】

学习二极管的工作原理和伏安特性曲线，使用万用表测试二极管的极性和检测二极管的性能。

【任务准备】

(1)认识晶体二极管

晶体二极管是由一个PN结构成的半导体器件，具有单向导电性，如图1.2所示。二极管有两个电极，即正极和负极。根据二极管所用半导体材料、结构及制造工艺的不同，二极管有不同的用途。通过用万用表检测其正、反向电阻值，可以判别出二极管的极性，还可以判别出二极管是否损坏。

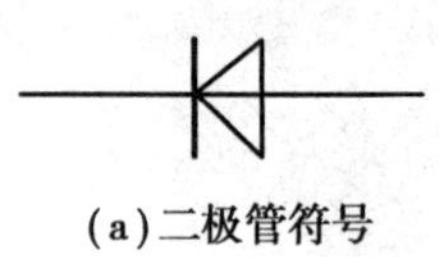

(a)二极管符号

(b)普通二极管

图1.2　二极管的符号和实物图

(2)晶体二极管的伏安特性

用纵坐标表示电流 I、横坐标表示电压 U，加在二极管的PN结两端的电压和流过的电流之间的关系曲线称为二极管的伏安特性曲线，如图1.3所示。

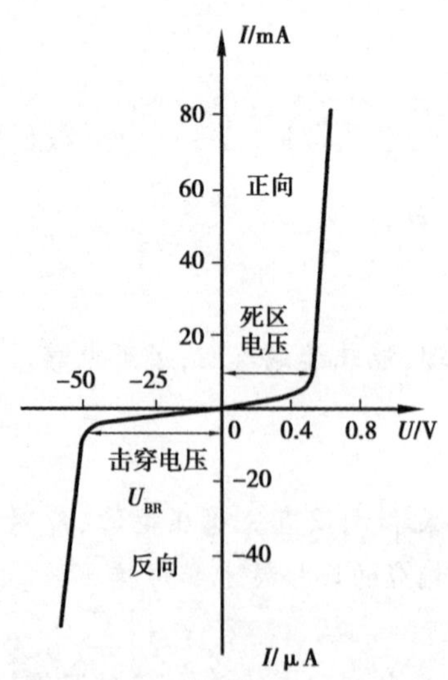

图1.3　晶体二极管伏安特性曲线

①正向特性：$U>0$ 的部分称为正向特性。死区电压：硅管0.5 V，锗管0.1 V，死区电压的大小与材料、环境温度有关；二极管两端正向电压超过死区电压，二极管正向导通。导通压降：硅管0.6～0.7 V，锗管0.2～0.3 V。

②反向特性：$U<0$ 的部分称为反向特性。给二极管加反向电压，在反向电压作用下，二极管反向电流很小，在反向电压不超过某一范围时，反向电流基本恒定，不随反向电压的改变而改变，这个电流称为反向饱和电流。同样温度下，硅管的反向电流比锗管小，硅管一般为一微安到几十微安，锗管为几百微安，此时二极管工作状态为截止状态。

③反向击穿：当反向电压超过一定数值 U_{BR} 后，反向电流急剧增加，称为反向击穿。发生反向击穿时二极管失去单向导电性。如果二极管没有因电击穿而引起过热，则单向导电性不一定会被永久破坏，在撤除外加电压后，其性能仍可恢复，否则表示二极管已损坏。使用时应避免二极管外加的反向电压过高。

(3)晶体二极管参数

晶体二极管参数见表1.1。

表1.1　晶体二极管参数

参数名称	表示方法	定义	选用思路及说明
最大整流电流	I_F	在长期连续工作保证管子不损坏的前提下，二极管允许通过的最大正向电流，对交流电，就是允许通过的最大半波电流平均值	在实际应用中，通过二极管的平均电流不能大于此值，并要满足散热条件
反向电流	I_R	PN 结加反向电压时导通的电流	反向电流参数反映二极管的单向导电性能的好坏。一般反向电流 I_R 越小越好。硅二极管的反向电流一般小于锗二极管的反向电流
反向击穿电压	U_{BR}	使二极管反向电流开始急剧增加的反向电压称为反向击穿电压	除稳压二极管外，为保证二极管正常工作，其两端的反向电压应小于 U_{BR} 的1/2
最大反向工作电压	U_R	最大反向工作电压是指二极管的所有参数不超过允许值时(即不被击穿)允许加的最大反向电压	为安全考虑，在实际工作时，最大反向工作电压 U_R 一般只按反向击穿电压 U_{BR} 的1/2计算
正向压降	U_F	规定的正向电流下，二极管的正向电压降	小电流硅二极管的正向压降在中等电流水平下为0.6～0.8 V；锗二极管为0.2～0.3 V
结电容	C_J	当PN结加反向电压时，P区积累负电荷，N区积累正电荷，即构成一个已储存电荷的电容器。结电容是指该电容器的等效电容	在高频运用时必须考虑结电容的影响
最高工作频率	f_M	二极管能正常工作的最高频率。它主要取决于PN结结电容的大小	如果信号频率超过 f_M，二极管的单向导电性将变差，甚至不复存在。选用二极管时，必须使它的工作频率低于最高工作频率

(4)晶体二极管检测方法

1)极性的判别

将万用表置于 $R\times100$ 或 $R\times1$ k 挡，两表笔分别接二极管的两个电极，测出一个结果后，对调两表笔，再测出一个结果。两次测量的结果中，有一次测量出的阻值较小，指针偏转大(为正向电阻，图 1.4)，另一次测量出的阻值较大，指针偏转小(为反向电阻，图 1.5)。在阻值较小的测量中，黑表笔接的是二极管的正极，红表笔接的是二极管的负极。

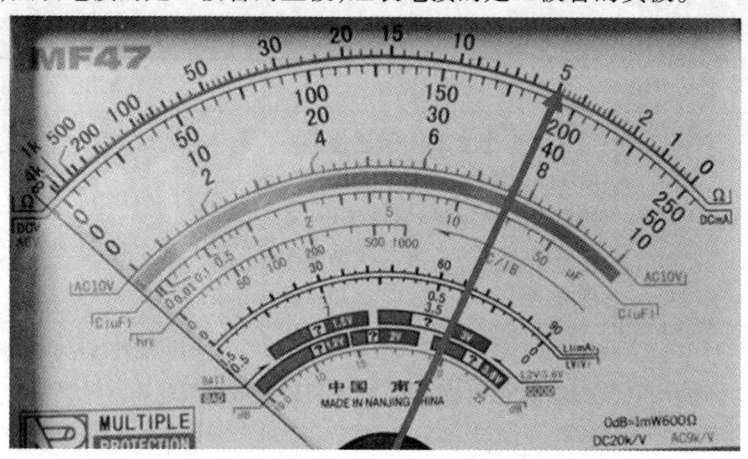

图 1.4　指针偏转大，电阻小，二极管正偏

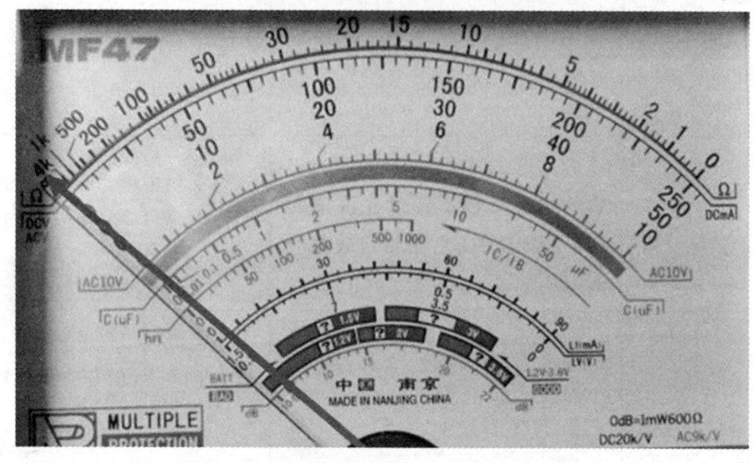

图 1.5　指针偏转小，电阻大，二极管反偏

2)单向导电性能的检测及好坏的判断

二极管的检测

通常锗材料二极管的正向电阻值为 1 kΩ 左右，反向电阻值为 500 kΩ 左右。硅材料二极管的正向电阻值为 5 kΩ 左右，反向电阻值为∞(无穷大)。正向电阻越小越好，反向电阻越大越好。正、反向电阻值相差越大，说明二极管的单向导电性越好。

若测得二极管的正、反向电阻值均接近 0 或阻值较小，则说明二极管内部已击穿短路或漏电损坏。若测得二极管的正、反向电阻值均无穷大，则说明二极管已开路损坏。

3)反向击穿电压的检测

二极管反向击穿电压(耐压值)可以用晶体管直流参数测试表测量。其方法是：测量二极管时，应将测试表的“NPN/PNP”选择键设置为 NPN 状态，再将被测二极管的正极插入测试表的“C”插孔，负极插入测试表的“E”插孔，然后按下“V”键，测试表即可指示出二极管的反向击穿电压值。

【任务实施】

步骤一：电子实训室安全操作规程学习。

①不准穿拖鞋进入实训室。

②严格按照仪器操作规程正确操作仪器。

③实训室内不准使用明火，就座后不得随意来回走动，以免触碰电源、电缆等。

④实训时若发现仪器设备出现故障或异常情况（有异味、冒烟等）时，应立即关闭电源开关，拔掉电源插头，并及时向实训室管理人员报告，实训者不得擅自处理，不报告或擅自处理者造成的后果自负。

⑤实训完毕后，关闭设备电源，关好门窗，整理好仪器设备，并打扫卫生。

⑥实训者必须服从实训室工作人员的安排和管理。

⑦实训者未经指导教师同意，不得开启实验台电源。

⑧实训者不得用手触摸 36 V 以上的电源。

⑨未经指导教师同意，不得用实训室仪器仪表测量 220 V 电源。

⑩不得带电进行实训操作。

步骤二：实验设备检查。

实验设备检查见表 1.2。

表 1.2　实验设备检查

检测内容	使用工具	现象
指针式万用表是否正常	检测	
电子元器件盒	开盒检查	
实验台电源检查	目测	

步骤三：用目测法识别不同二极管的种类和极性。

观察电子元器件盒中二极管实物，绘制外观图，记录元器件型号并解释型号含义，用目测法识别极性，填写在表 1.3 中。

步骤四：利用万用表进行二极管测试。

①在使用万用表之前，应先进行__________________，即在没有被测电量时，使万用表指针指在零电压或零电流的位置上。

②在使用万用表过程中，不能用手去接触表笔的_______________，这样既可以保证测量的准确，还可以保证人身安全。

③选择万用表_______________挡，一般选择挡位_________________和___________________，然后进行_________________调零。

④当指针万用表指针偏转大时，说明此时二极管_________________________（导通/截止），电阻____________（大/小），红表笔接的是二极管的___________________极，黑表笔接的是二极管的___________________极。

⑤当指针万用表指针偏转小时,说明此时二极管＿＿＿＿＿＿＿＿(导通/截止),电阻＿＿＿＿＿＿(大/小),黑表笔接的是二极管的＿＿＿＿＿＿＿＿极,黑表笔接的是二极管的＿＿＿＿＿＿＿＿极。

⑥用指针万用表红黑表笔交替测量二极管两次,发现指针偏转都很小,说明二极管＿＿＿＿＿＿＿＿;用指针万用表红黑表笔交替测量二极管两次,发现指针偏转都很大,说明二极管＿＿＿＿＿＿＿＿。

表 1.3 目测法识别二极管的种类和极性

外观图(极性标注)	型号	二极管名称

应用拓展 1——二极管整流。

①利用软件仿真绘制如图 1.6 所示电路。

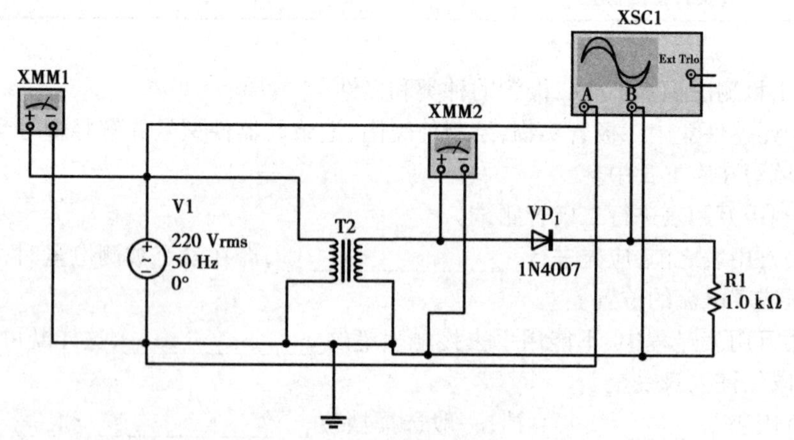

图 1.6 二极管整流电路

②交流电源和变压器设置如图 1.7 所示。

③绘制示波器中观测到的波形图。

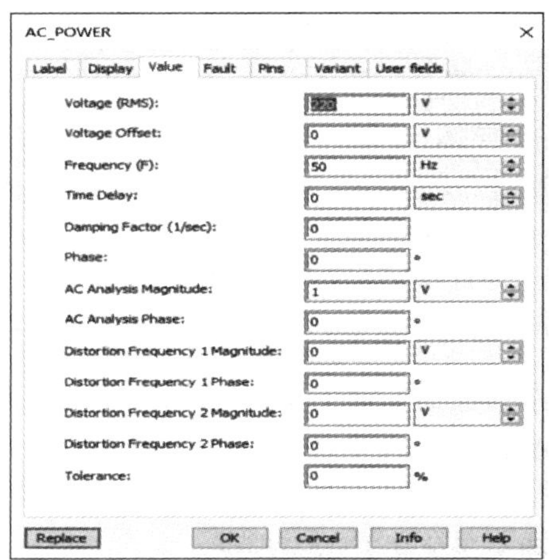

图 1.7　交流电源和变压器设置

应用拓展 2——二极管限幅。

①利用软件仿真绘制如图 1.8 所示电路。

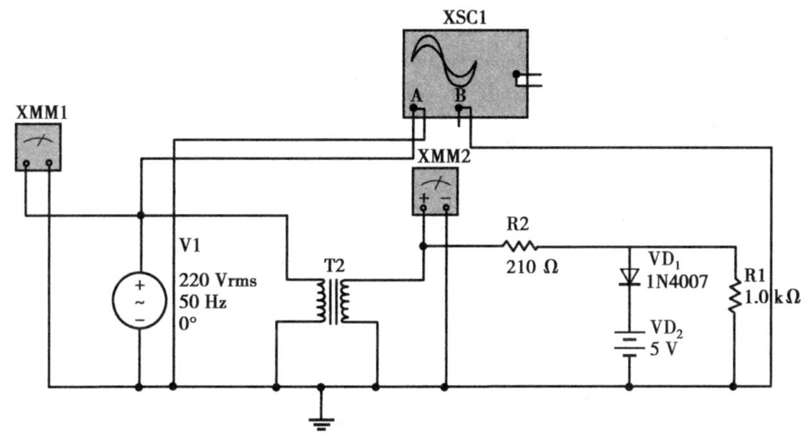

图 1.8　二极管限幅电路

②绘制示波器中观测到的波形图。

思考

①二极管的主要特性是什么?

②半导体二极管有哪些作用?

③总结课程中遇到的困难。

微课:PN 结的形成

知识链接

(1)半导体的基本知识

半导体是指常温下导电性能介于导体与绝缘体之间的材料。半导体在集成电路、消费电子、通信系统、光伏发电、照明、大功率电源转换等领域都有应用,如二极管就是采用半导体制作的器件。无论从科技还是经济发展的角度来看,半导体都非常重要。大部分的电子产品,如计算机、移动电话、数字录音机中的核心单元都与半导体有着极为密切的关联。常见的半导体材料有硅、锗、砷化镓等,硅是各种半导体材料应用中最具有影响力的一种。

自然界中的物质按其导电的能力分为 3 种:①导体,是很容易导电的物质,金属一般都是导体;②绝缘体,是几乎不导电的物质,如橡皮、塑料和石英;③半导体,是导电能力处于导体和绝缘体之间的物质,如锗、硅、砷化镓和一些硫化物、氧化物等。

(2)半导体的特点

半导体之所以得到广泛应用,是因为它的导电能力受掺杂、温度和光照的影响十分显著。

半导体具有这种性能的根本原因在于半导体原子结构的特殊性。常用的半导体材料有单晶硅(Si)和单晶锗(Ge)。所谓单晶,是指整块晶体中的原子按一定规则整齐地排列着的晶体。非常纯净的单晶半导体称为本征半导体。

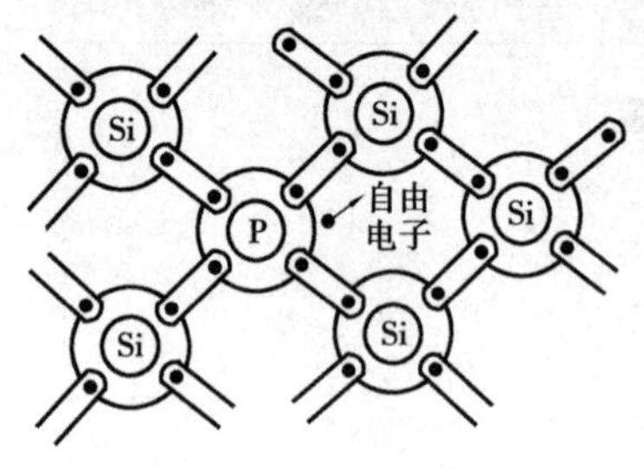

图 1.9　N 型半导体

(3)N 型半导体和 P 型半导体

①N 型半导体(N 为 Negative 的字头,电子带负电荷而得此名):掺入少量杂质磷元素(或锑元素)的硅晶体(或锗晶体)中,半导体原子(如硅原子)被杂质原子取代,磷原子外层的 5 个外层电子的其中 4 个与周围的半导体原子形成共价键,多出的一个电子几乎不受束缚,较为容易地成为自由电子。于是,N 型半导体就成为含电子浓度较高的半导体,其导电性主要是自由电子导电,如图 1.9 所示。

②P 型半导体(P 为 Positive 的字头,空穴带正电而得此名):掺入少量杂质硼元素(或铟元素)的硅晶体(或锗晶体)中,半导体原子(如硅原子)被杂质原子取代,硼原子外层的 3 个外层电子与周围的半导体原子形成共价键时,会产生一个“空穴”,这个空穴可能吸引束缚电子来“填充”,使得硼原子成为带负电的离子。这样,这类半导体含有较高浓度的“空穴”(相当于正电荷),成为能够导电的物质,如图 1.10 所示。

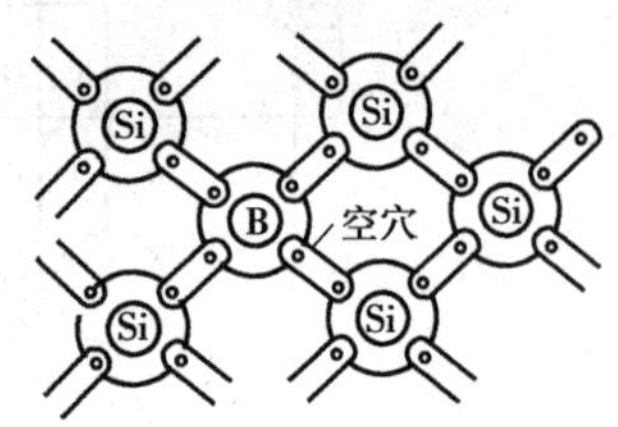

图 1.10　P 型半导体

(4)PN 结的形成

采用不同的掺杂工艺,通过扩散作用,将 P 型半导体与 N 型半导体制作在同一块半导体(通常是硅或锗)基片上,在它们的交界面就形成空间电荷区,称为 PN 结。PN 结具有单向导电性,是电子技术中许多器件所利用的特性,如半导体二极管、双极性晶体管的物质基础。PN 结内部结构如图 1.11 所示;PN 结工作状态如图 1.12 和图 1.13 所示。

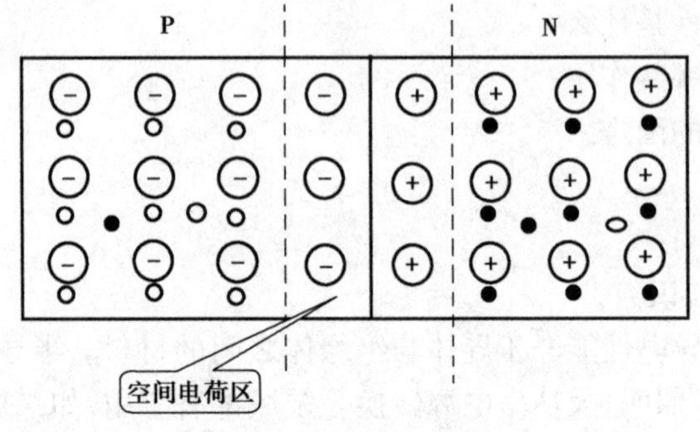

图 1.11　PN 结的内部结构

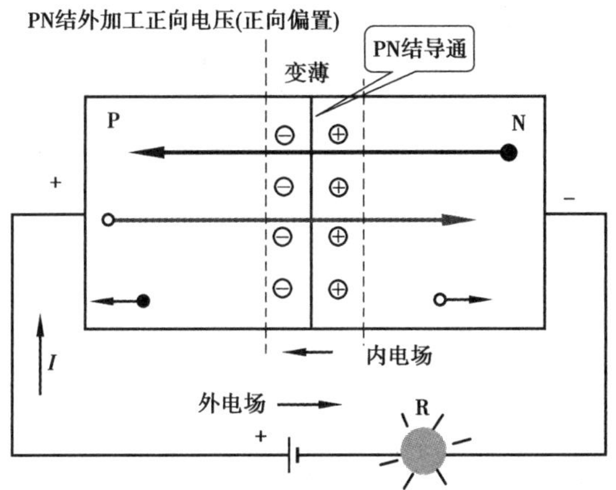

图 1.12　PN 结加正向电压导通

PN结外加反向电压(反向偏置)

PN结截止

变厚

P

N

−

+

I≈0

内电场

外电场

R

+

图 1.13　PN 结加反向电压截止

【阅读材料】

(1)二极管的型号识读(表 1.4)

表 1.4　二极管的型号

第一部分		第二部分		第三部分		第四部分	第五部分
用数字表示电极数		字母表示器件的材料和类型		字母表示器件的用途		数字表示序号	字母表示规格
符号	意义	符号	意义	符号	意义	意义	意义
2	二极管	A B C D	N 型,锗材料 P 型,锗材料 N 型,硅材料 P 型,硅材料	P V W C Z	小信号管 混频检波管 稳压管 变容管 整流管	反映了极限参数、直流参数、交流参数的差别	反映承受反向电压的程序。A,B,C,D,A:最低

(2)各种类型二极管(表 1.5)

表 1.5　各种类型二极管

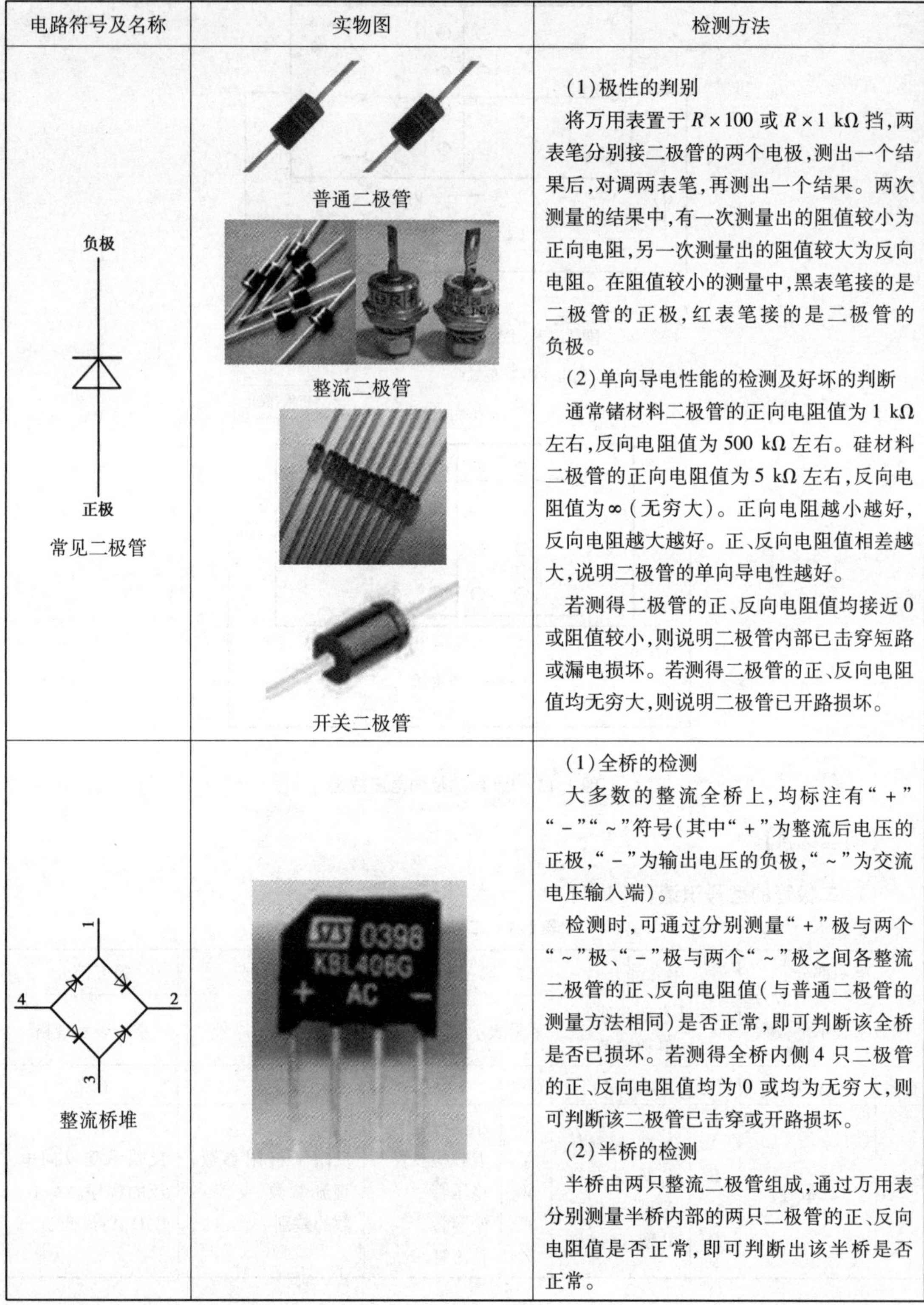

电路符号及名称	实物图	检测方法
负极 正极 常见二极管	普通二极管 整流二极管 开关二极管	(1)极性的判别 将万用表置于 $R\times100$ 或 $R\times1\ \mathrm{k}\Omega$ 挡,两表笔分别接二极管的两个电极,测出一个结果后,对调两表笔,再测出一个结果。两次测量的结果中,有一次测量出的阻值较小为正向电阻,另一次测量出的阻值较大为反向电阻。在阻值较小的测量中,黑表笔接的是二极管的正极,红表笔接的是二极管的负极。 (2)单向导电性能的检测及好坏的判断 通常锗材料二极管的正向电阻值为 1 kΩ 左右,反向电阻值为 500 kΩ 左右。硅材料二极管的正向电阻值为 5 kΩ 左右,反向电阻值为∞(无穷大)。正向电阻越小越好,反向电阻越大越好。正、反向电阻值相差越大,说明二极管的单向导电性越好。 若测得二极管的正、反向电阻值均接近 0 或阻值较小,则说明二极管内部已击穿短路或漏电损坏。若测得二极管的正、反向电阻值均无穷大,则说明二极管已开路损坏。
1　2　3　4 整流桥堆	0398 KBL406G + AC −	(1)全桥的检测 大多数的整流全桥上,均标注有"+""−""~"符号(其中"+"为整流后电压的正极,"−"为输出电压的负极,"~"为交流电压输入端)。 检测时,可通过分别测量"+"极与两个"~"极、"−"极与两个"~"极之间各整流二极管的正、反向电阻值(与普通二极管的测量方法相同)是否正常,即可判断该全桥是否已损坏。若测得全桥内侧 4 只二极管的正、反向电阻值均为 0 或均为无穷大,则可判断该二极管已击穿或开路损坏。 (2)半桥的检测 半桥由两只整流二极管组成,通过万用表分别测量半桥内部的两只二极管的正、反向电阻值是否正常,即可判断出该半桥是否正常。

续表

电路符号及名称	实物图	检测方法
负极 正极 稳压二极管		(1)正、负电极的判别 从外形上看,金属封装稳压二极管管体的正极一端为平面形,负极一端为半圆面形。玻璃封装稳压二极管管体上印有彩色标记的一端为负极,另一端为正极。对标识不清楚的稳压二极管,可以用万用表判别其极性,测量的方法与普通二极管相同,即用万用表 $R\times1$ kΩ 挡,将两个表笔分别接稳压二极管的两个电极,测出一个结果后,再对调两表笔进行测量,在两次测量结果中,阻值较小的那一次,黑表笔接的是稳压二极管的正极,红表笔接的是稳压二极管的负极。 (2)稳压值的测量 用 0 ~ 30 V 连续可调直流电源,对 13 V 以下的稳压二极管,可将稳压电源的输出电压调至 15 V,将电源正极串接一只 1.5 kΩ 限流电阻后与被测稳压二极管的负极相连接,电源负极与稳压二极管的正极相连接,再用万用表测量稳压二极管两端的电压值,所测的读数即为稳压二极管的稳压值。若稳压二极管的稳压值高于 15 V,则应将稳压电源调至 20 V 以上。
变容二极管		(1)正、负极的判别 有的变容二极管的一端涂有黑色标记,这一端即是负极,而另一端为正极。还有的变容二极管的管壳两端分别涂有黄色环和红色环,红色环的一端为正极,黄色环的一端为负极。也可以用数字万用表的二极管挡测量变容二极管的正、反向电压降来判断出其正、负极性。正常的变容二极管,在测量其正向电压降时,表的读数为 0.58 ~ 0.65 V;测量其反向电压降时,表的读数显示为溢出符号“1”。在测量正向电压降时,红表笔接的是变容二极管的正极,黑表笔接的是变容二极管的负极。 (2)性能好坏的判断 用指针式万用表的 $R\times10$ kΩ 挡测量变容二极管的正、反向电阻值。正常的变容二极管,其正、反向电阻值均为无穷大。若被测变容二极管的正、反向电阻值均有一定阻值或均为 0,则该二极管漏电或击穿损坏。

续表

电路符号及名称	实物图	检测方法
发光二极管		(1)正、负极的判别 将发光二极管放在一个光源下,观察两个金属片的大小,通常金属片大的一端为负极,金属片小的一端为正极。 (2)性能好坏的判断 用万用表 $R\times10$ kΩ 挡,测量发光二极管的正、反向电阻值。正常时,正向电阻值(黑表笔接正极时)为 10 ~ 20 kΩ,反向电阻值为250 kΩ 到无穷大。较高灵敏度的发光二极管,在测量正向电阻值时,管内会发微光。若用万用表 $R\times1$ kΩ 挡测量发光二极管的正、反向电阻值,则会发现其正、反向电阻值均接近无穷大,这是发光二极管的正向压降大于1.6 V(高于万用表 $R\times1$ kΩ 挡内电池的电压值1.5 V)的缘故。 可用3 V 直流电源,在电源的正极串接一只33 Ω 电阻后接发光二极管的正极,将电源的负极接发光二极管的负极,正常的发光二极管应发光。或将一节 1.5 V 电池串接在万用表的黑表笔(将万用表置于 $R\times10$ 挡或 $R\times100$ 挡,黑表笔接电池负极,等于与表内的1.5 V 电池串联),将电池的正极接发光二极管的正极,红表笔接发光二极管的负极,正常的发光二极管应发光。
光电二极管		(1)电阻测量法 用黑纸或黑布遮住光电二极管的光信号接收头,然后用万用表 $R\times1$ kΩ 挡测量光电二极管的正、反向电阻值。正常时,正向电阻值为 10 ~ 20 kΩ,反向电阻值为无穷大。若测得正、反向电阻值均很小或为无穷大,则光电二极管漏电或开路损坏。再去掉黑纸或黑布,使光源对准光电二极管的光信号接收头,然后观察其正、反向电阻值的变化。正常时,正、反向电阻值均应变小,阻值变化越大,说明光电二极管的灵敏度越高。 (2)电压测量法 将万用表置于1 V 直流电压挡,黑表笔接光电二极管的负极,红表笔接光电二极管的正极,将光电二极管的光信号接收窗口对准光源。正常时应有 0.2 ~ 0.4 V 电压(其电压与光照强度成正比)。 (3)电流测量法 将万用表置于 50 μA 或 500 μA 电流挡,红表笔接正极,黑表笔接负极,正常的光电二极管在白炽灯光下,随着光照强度的增加,其电流从几微安增大至几百微安。

续表

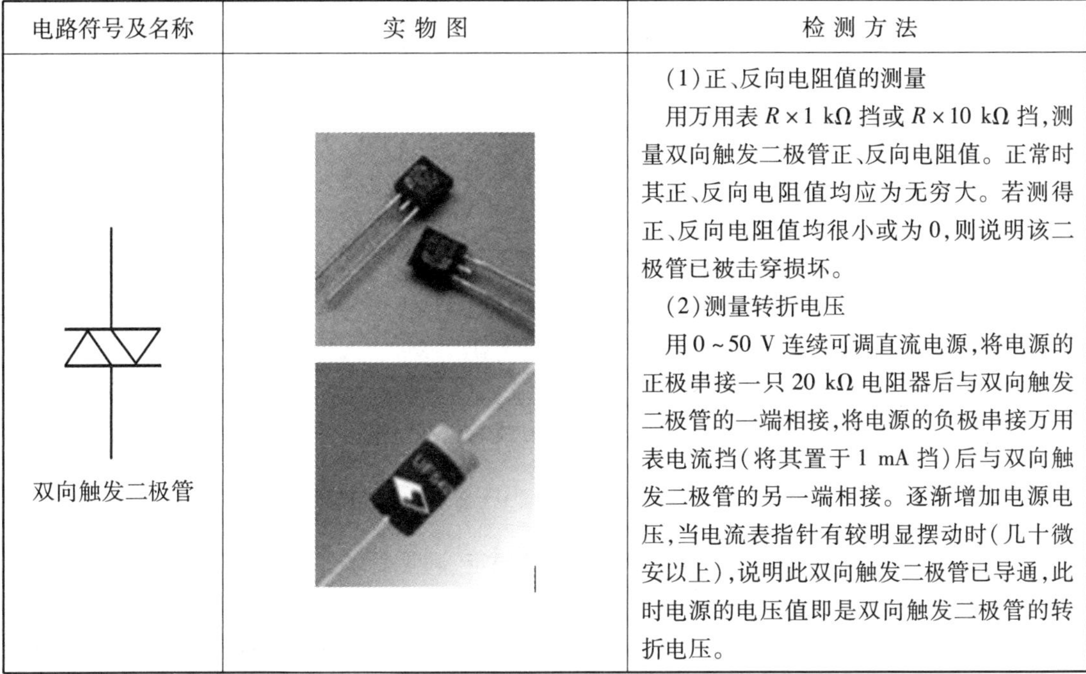

电路符号及名称	实 物 图	检 测 方 法
双向触发二极管		(1)正、反向电阻值的测量 用万用表 $R\times1$ kΩ 挡或 $R\times10$ kΩ 挡,测量双向触发二极管正、反向电阻值。正常时其正、反向电阻值均应为无穷大。若测得正、反向电阻值均很小或为 0,则说明该二极管已被击穿损坏。 (2)测量转折电压 用 0~50 V 连续可调直流电源,将电源的正极串接一只 20 kΩ 电阻器后与双向触发二极管的一端相接,将电源的负极串接万用表电流挡(将其置于 1 mA 挡)后与双向触发二极管的另一端相接。逐渐增加电源电压,当电流表指针有较明显摆动时(几十微安以上),说明此双向触发二极管已导通,此时电源的电压值即是双向触发二极管的转折电压。

【教学评价】

表 1.6　教学评价表

评价项目	项目评价内容	分值	自我评价	小组评价	教师评价	得分
仿真操作	1. 正确绘制二极管整流波形	15				
	2. 正确绘制二极管限幅波形	15				
实际操作技能	正确识别二极管极性并判别二极管的好坏	30				
小组提问	1. 简述二极管伏安特性	10				
	2. 简述二极管的主要参数	5				
安全文明生产	1. 万用表的安全使用	5				
	2. 元器件的摆放	5				
学习态度	1. 出勤情况	5				
	2. 实验室和课堂纪律	5				
	3. 团队协作精神	5				
总分(100)						

任务 1.2 整流电路

任务目标

1. 理解直流稳压电源各组成部分的作用。
2. 了解单相半波整流电路的工作原理。
3. 掌握单相桥式整流电路的工作原理及参数计算方式。
4. 能搭接单相桥式整流电路并掌握参数测试方法。

【任务描述】

学习单相桥式整流电路的工作原理并测试电路参数。

【任务准备】

(1)直流稳压电源的组成

电子设备对电源电路的要求是能够提供持续稳定、满足负载要求的电能，通常情况下要求提供稳定的直流电能。提供这种稳定的直流电能的电源就是直流稳压电源。直流稳压电源在电源技术中占有十分重要的地位。如图 1.14 所示为直流稳压电源的原理框图，表示交流电转变为直流电的过程。

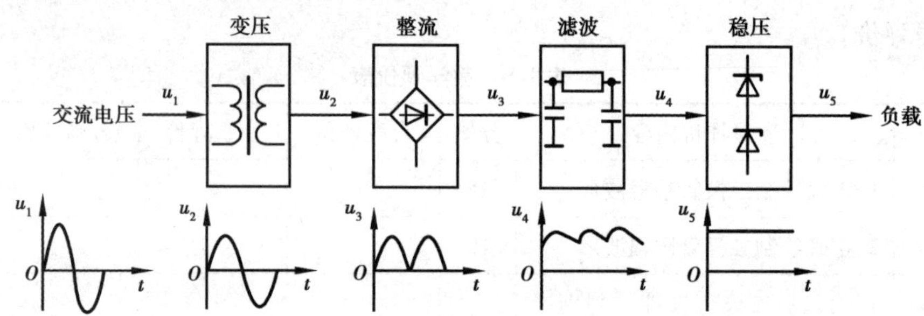

图 1.14 直流稳压电源的原理框图

①电源变压器：将交流电网电压 u_1 变为合适的交流电压 u_2。单相交流电压的有效值为 220 V，而普通的直流电压值比此值低，需要变压器降压。

②整流电路：将交流电压 u_2 变为单相脉动直流电压 u_3。

③滤波电路：滤除脉动直流电压 u_3 中的交流成分，使输出电压转变为平滑的直流电压 u_4。

④稳压电路：使输出电压 u_5 稳定，不受电网波动及负载变化的影响。

(2)单相半波整流电路

整流电路是把交流电能转换为直流电能的电路。整流电路的作用是将交流降压电路输出的电压较低的交流电转换成单向脉动性直流电，这就是交流电的整流过程，整流电路主要由整流二极管组成。经过整流电路之后的电压已经不是交流电压，而是一种含有直流电压和交流电压的混合电压，习惯上称为单向脉动性直流电压。电源电路中的整流电路主要有半波整流电路、全波整流电路和桥式整流电路 3 种。

半波整流电路是一种最简单的整流电路。它由电源变压器 B、整流二极管 VD 和负载电

阻 R_L 组成。变压器把交流电网电压 u_1(220 V)变换为所需要的交流电压 u_2,整流二极管 VD 再把交流电变换为脉动直流电。变压器次级线圈交流电压 u_2 是一个方向和大小都随时间变化的正弦波电压,它的波形如图 1.15 所示。在 $0 \sim \pi$ 时间内,u_2 为正半周即变压器上端为正、下端为负。此时整流二极管 VD 承受正向电压而导通,u_2 通过它加在负载电阻 R_L 上;在 $\pi \sim 2\pi$ 时间内,u_2 为负半周,变压器次级下端为正、上端为负,此时整流二极管 VD 承受反向电压截止,R_L 上无电压。在 $2\pi \sim 3\pi$ 时间内,重复 $0 \sim \pi$ 时间的过程,而在 $3\pi \sim 4\pi$ 时间内,又重复 $\pi \sim 2\pi$ 时间的过程……这样反复下去,交流电的负半周就被"削"掉了,只有正半周通过 R_L,获得了一个单一右向(上正下负)的电压,如图 1.15 所示,达到了整流的目的。但是负载电压 u_o、负载电流 i_o 的大小会随时间而变化,通常称为脉动直流电。

除去负半周、留下正半周电压的整流方法,称为半波整流。半波整流是以"牺牲"一半交流为代价来换取整流效果的,整流效率只有40%左右,在一般无线电装置中很少采用。

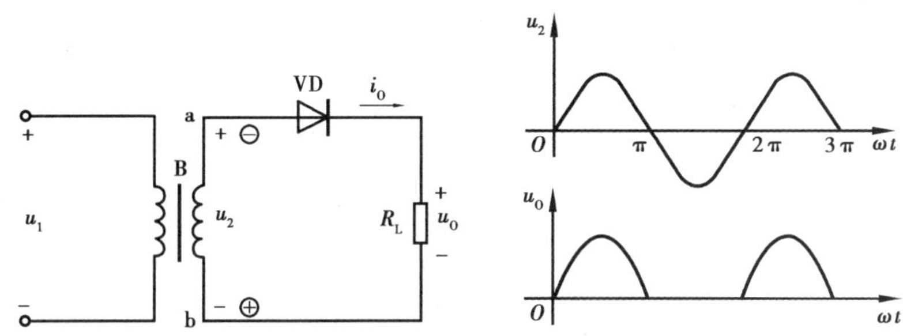

图 1.15　单相半波整流电路

$u_2 > 0$ 时,整流二极管 VD 导通,忽略二极管正向压降, $u_0 = u_2$。

$u_2 < 0$ 时,整流二极管 VD 截止,$u_0 = 0$。

(3)单相桥式整流电路

桥式整流即桥式整流器,也称为整流桥堆,是利用二极管的单向导通性进行整流的最常用的电路,常用来将交流电转变为直流电,如图 1.16 所示。

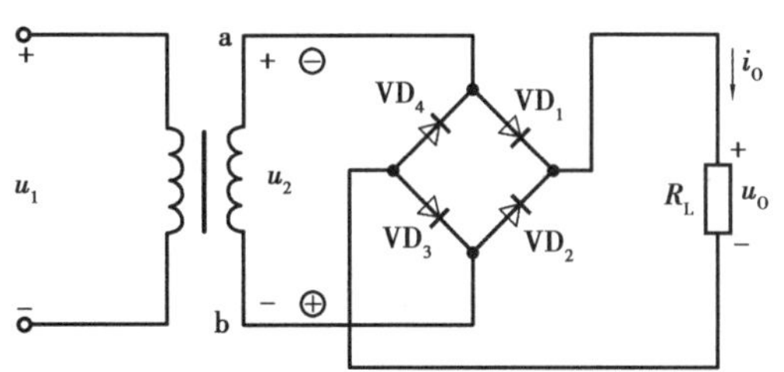

微课:单相桥式整流电路原理

图 1.16　单相桥式整流电路

单相桥式整流电路是对二极管半波整流电路的一种改进。半波整流电路利用二极管单向导通特性,在输入为标准正弦波的情况下,输出获得正弦波的正半周,负半周则损失掉。桥式整流电路利用 4 个二极管,两两对接。输入正弦波的正半周时(a 端为 +,b 端为 −),两只二极管 VD_1 和 VD_3 导通,电流从上至下流通负载电阻 R_L 得到正的输出 u_0,如图 1.17 所示。

桥式整流电路(b 端为 +,a 端为 −)两只二极管 VD_2 和 VD_4 导通,电流从上至下流通负载电阻 R_L 得到正的输出 u_0,如图 1.18 所示。桥式整流器对输入正弦波的利用效率比半波整流高一倍。桥式整流是交流电转换成直流电的第一个步骤。

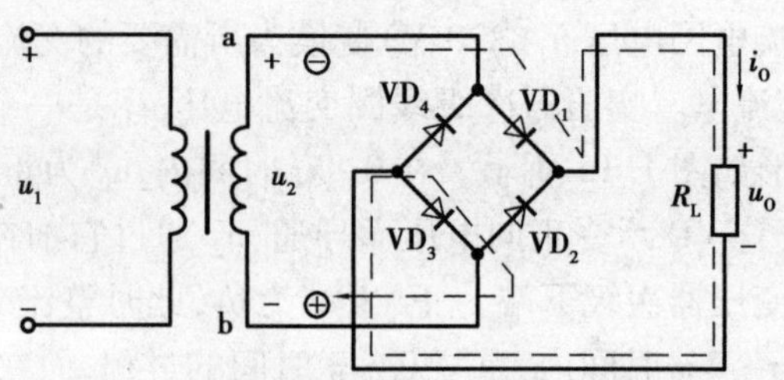

图 1.17　桥式整流电路正半周电流流通示意图

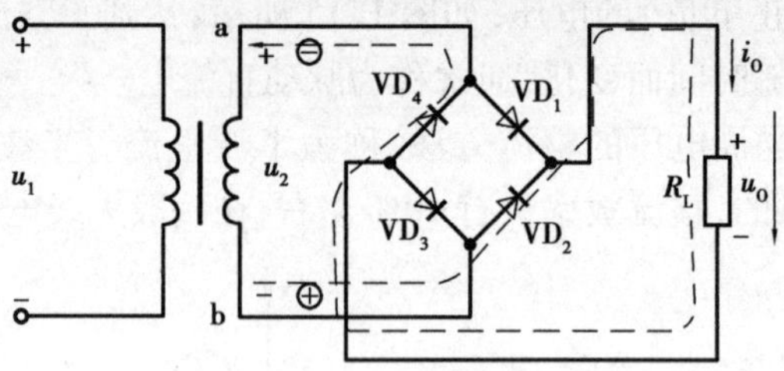

图 1.18　桥式整流电路负半周电流流通示意图

二极管桥式整流电路实验

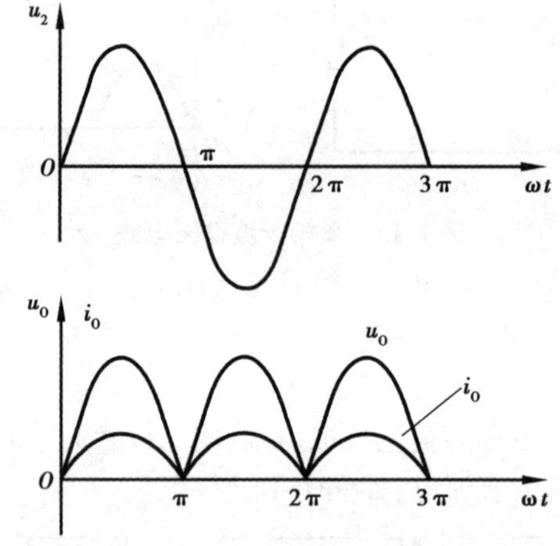

图 1.19　单相桥式整流电路波形

单相桥式整流电路输出波形，如图 1.19 所示。

设变压器次级输出电压

$$u_2 = \sqrt{2}U_2 \sin \omega t \tag{1.1}$$

输出电压的平均值

$$U_O = \frac{1}{\pi}\int_0^{\pi}\sqrt{2}U_2 \sin \omega t\mathrm{d}(\omega t) = \frac{2\sqrt{2}}{\pi}U_2 = 0.9U_2 \tag{1.2}$$

输出电流的平均值

$$I_O = \frac{U_O}{R_L} = 0.9\frac{U_2}{R_L} \tag{1.3}$$

二极管承受的最高反向工作电压

$$U_{DRM} = U_{2m} = \sqrt{2}u_2 \tag{1.4}$$

每个二极管流过电流的平均值

$$I_D = \frac{1}{2}I_O = 0.45\frac{U_2}{R_L} \tag{1.5}$$

【任务实施】

步骤一:实验室“7S”管理要求学习。

“7S”共包括7个方面:整理、整顿、清扫、清洁、素养、安全、节约。在英文里,这7个单词的首字母都是“S”,简称“7S”。

①整理:区分需要和不需要的事或物,对实训场地不必要的物品进行清除,腾出实训室空间,空间活用,同时清除不正确的思想意识。

②整顿:将需要物品配置齐全,并明确地对其予以标记,按规定对物品进行科学合理的布置和摆放,达到标准化放置要求,物品用后及时复位。

③清扫:各责任人负责将实训场地打扫干净,使场地保持无垃圾、无灰尘、无脏污、无异味、干净整洁,按照“谁使用、谁负责”的原则,并防止其污染的发生。

④清洁:维护整理、整顿、清扫的工作成果,并对其实施的做法予以标准化、制度化、持久化,使“7S”活动形成惯例和制度。

⑤素养:以“人性”为出发点,通过整理、整顿、清扫、清洁等合理化的改善活动,使全体人员养成守标准、守规定的良好习惯,永远保持妥当的行为,进而促进各成员素养的全面提升。

⑥安全:遵守纪律,提高安全意识,每时每刻都树立安全第一的观念,做到防患于未然。

⑦节约:合理利用财物,并发挥其最大效能,讲究速度和效率,创造出一个高效率、物尽其用的实训环境。

步骤二:认识变压器。

绕组是变压器电路的主体部分,绕组又可分为一次绕组和二次绕组。一次绕组是与电源相连的电阻,能够从电源接受能量;二次绕组是与负载相连的绕组,主要是给负载提供能量。

如图1.20所示,双12 V输出的变压器,其中两根红线是输入端,接市电220 V;绿绿黑3根线是输出端,输出两个12 V交流电压。请将两相插头与变压器连接,用万用表测试,见表1.7。变压器和插头如图1.21所示。

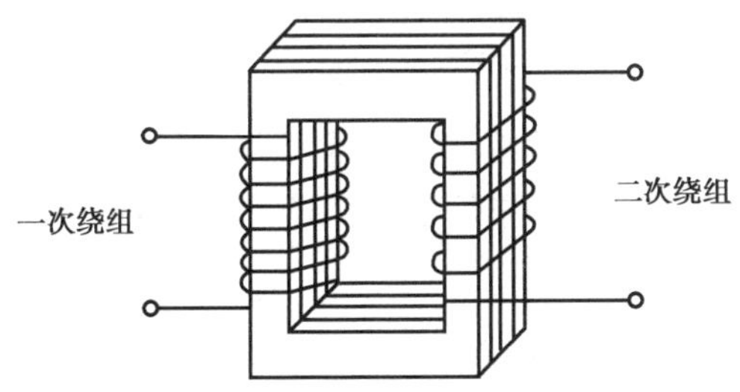

图1.20　变压器示意图

表1.7　器件检查表

检测内容	使用工具	现象
插头连接是否导通	万用表	
输出电压绿线-绿线	万用表	
输出电压绿线-黑线	万用表	

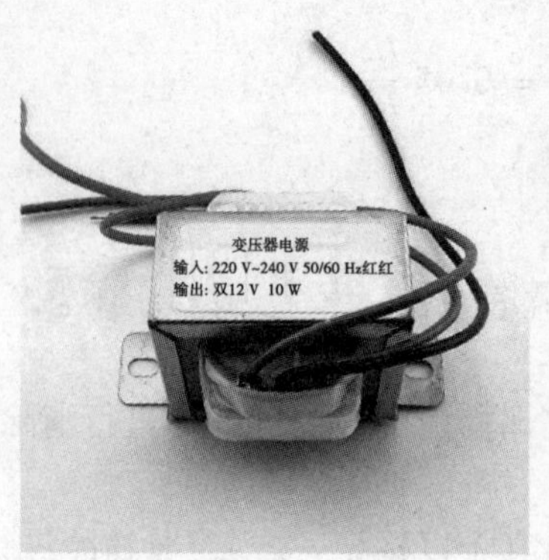

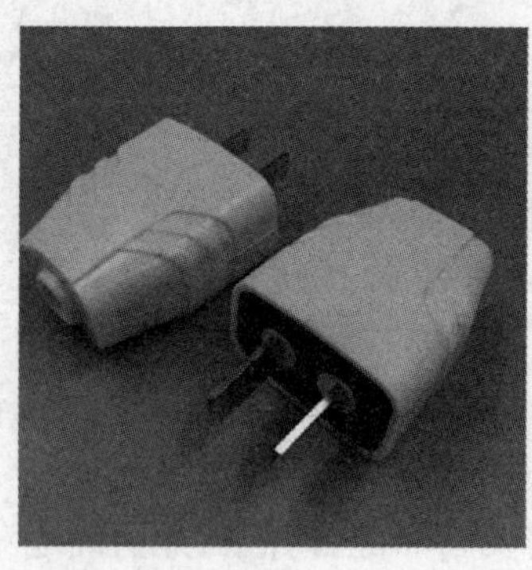

图 1.21　变压器和插头

【注意】

①用万用表的欧姆挡测一次的电阻、二次的电阻,不应有断线。

②用万用表的欧姆挡测一次对地、二次对地、一次对二次的绝缘电阻,应有几百 kΩ 以上。

③一次加额定电压,测一次的空载电流(一般若干毫安),测二次电压,应符合要求。

步骤三:用二极管搭接单相桥式整流仿真电路。

要求:利用仿真软件绘制仿真图,如图 1.22 所示,并测试表 1.8 中的参数。

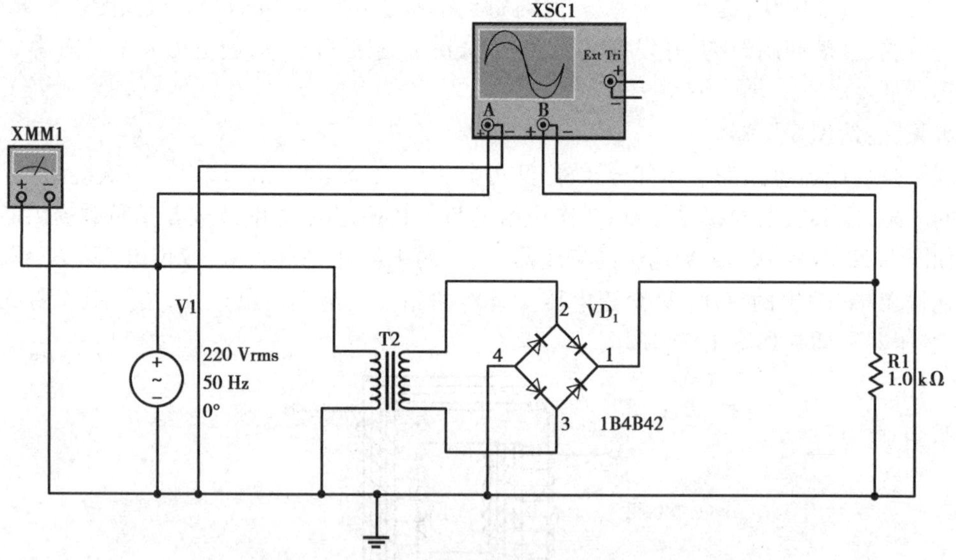

图 1.22　单相桥式整流电路仿真图

表 1.8　测试表格

检测内容	测试值	波形
V1 (市网电压有效值)		

续表

检测内容	测试值	波形
V2 （变压器降压后交流电压有效值）		
V3 （整流后输出电压，请用交流电压表测试）		

应用拓展1——整流桥堆认识。

①请观察整流桥堆并绘制外观。

②简述整流桥堆的测试方法。

思考

①已知单相桥式整流电路输出直流电压为110 V，输出电流为50 mA。试选择整流桥。

②单相桥式整流电路中，如果有一个二极管断路，电路会出现什么现象？如果有一个二极管短路，电路会出现什么现象？如果有一个二极管反接，电路会出现什么现象？

知识链接

（1）整流桥堆的特点

分立元件可以构成桥式整流电路，但为了方便和装备简单，现在半导体器件厂已经将二极管封装在一起，把桥式整流电路连接好密封在壳体中，构成一个新的器件——全波整流桥式整流桥，又称整流桥。整流桥通常带有足够大的电感性负载，不会出现电流断续。整流桥负载端常接有平波电抗器,可将整流桥负载视为恒流源。整流桥的作用:可将交流发电机产生的交流电转变为直流电,以实现向用电设备供电和向蓄电池进行充电,限制蓄电池电流倒转回发电机,保护交流发电机不被烧坏,如图 1.23 所示为整流桥堆实物与符号。

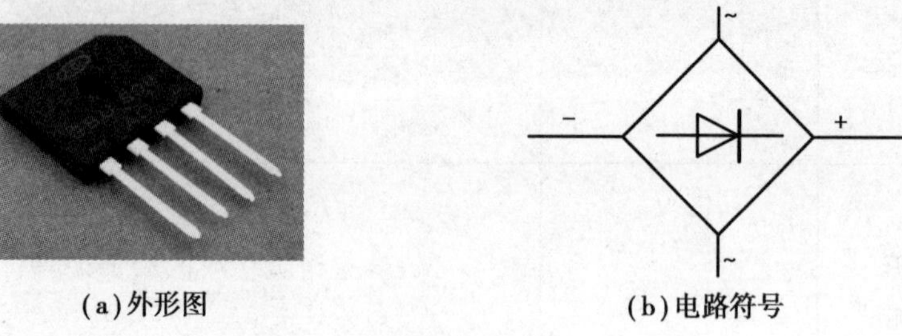

(a)外形图　　(b)电路符号

图 1.23　整流桥堆实物与符号

(2)整流桥的测试

1)判断交流端和直流端

把万用表调到的 $R\times100$ 挡位,红表笔固定一端,黑表笔测量其他三端,当阻值均较大时,则红表笔所接的为整流桥负极;若用黑表笔固定一端,红表笔测量其他三端的电阻值均较小时,黑表笔所接的就为负极。判断出正负极后,剩余引脚就是交流端,交流端不分极性。

2)整流桥好坏的判断方法

用万用表 $R\times100$ 挡位,找到交流端和直流端,分别测量。当表的读数为 0 时,说明桥内短路;若交流端正、反向电阻值均较大,表明桥内断路。如果不是封装的,就用二极管挡位,直接逐个测量。封装的整流桥维修,只要确定故障就整块更换,但断路故障还是可以修复使用的,在开路的整流桥块上并联一个不小于原参数的整流二极管,对电源精度要求不高的电路上可以使用此方法。

【阅读材料】

电子技术发展史

我国很早就发现了电和磁的现象,在古籍中曾有"磁石召铁"和"琥珀拾芥"的记载。磁石首先应用于指示方向和校正时间,在《韩非子》和东汉王充著《论衡》两书中提到的"司南"就是指此。随着航海事业发展的需要,我国在 11 世纪发明了指南针。在宋代沈括所著的《梦溪笔谈》中有"方家以磁石磨针锋,则能指南,然常微偏东,不全南也"的记载。这不仅说明了指南针的制造方法,而且叙述了磁偏角的现象。直到 12 世纪,指南针才由阿拉伯人传入欧洲。

18 世纪末至 19 世纪初,由于生产的需要,在电磁现象方面的研究工作发展得很快。库仑在 1785 年首先从实验室确定了电荷间的相互作用力,电荷的概念有了定量的意义。1820 年,奥斯特在实验时发现了电流对磁针有力的作用,揭开了电学理论新的一页。同年,安培确定了通有电流的线圈的作用与磁铁相似,指出了此现象的本质。著名的欧姆定律是欧姆于 1826 年通过实验得出的。法拉第对电磁现象的研究有特殊的贡献,他在 1831 年发现的电磁感应现象是以后电子技术的重要理论基础。在电磁现象的理论与使用问题的研究上,楞次发挥了巨大的作用。他在 1833 年建立确定感应电流方向的定则(楞次定则)。其后,他致力于电机理论的研究,并阐明了电机可逆性的原理。他在 1844 年还与英国物理学家焦耳分别独立地确定了电流热效应定律(焦耳-楞次定律)。与楞次一道从事电磁现象研究工作的雅可比在 1834 年制造出世界上第一台电动机，证明了实际应用电能的可能性。电机工程得以飞速发展是与多里沃-多勃罗沃尔斯基的工作分不开的。这位杰出的俄罗斯工程师是三相系统的创始者，他发明和制造出三相异步电机和三相变压器，并首先采用了三相输电线。在法拉第的研究工作上，麦克斯韦在 1864—1873 年提出了电磁场理论。他从理论上推测到电磁波的存在，为无线电技术的发展奠定了基础。1888 年，赫兹通过实验获得电磁波，证实了麦克斯韦的理论。但实际利用电磁波为人类服务的应归功于马克尼和波波夫。大约在赫兹实验成功 7 年后，他们彼此独立地在意大利和俄国进行通信实验，为无线电技术的发展开辟了道路。

人类在与自然界斗争的过程中，不断总结和丰富着自己的知识。电子技术就是在生产斗争和科学实验中发展起来的。1883 年美国发明家爱迪生发现了热电子效应，随后在 1904 年弗莱明利用这个效应制成了电子二极管，并证实了电子管具有“阀门”作用，它首先被用于无线电检波。1906 年美国的德弗雷斯在弗莱明的二极管中放进了第三个电极——栅极，发明了电子三极管，从而树立了早期电子技术上重要的里程碑。经过 5 年研究改进，1911 年开始了使用电子技术的时代。电子技术作为一门新兴科学，其发展至今不过百余年。

半个多世纪以来，电子管在电子技术中立下了很大的功劳，但是电子技术的成本高，制造烦琐，体积大，耗电多，从 1948 年美国贝尔实验室的几位研究人员发明晶体管以来，在大多数领域中已逐渐用晶体管来取代电子管。但是，电子管具有独特的优点，在有些装置中，从稳定性、经济性或功率上考虑，还需采用电子管。

1948 年用半导体材料做成的第一只晶体管，称为“半导体器件”或“固体器件”，1951 年生产出了半导体产品，这是出现分立元件的又一个里程碑。20 世纪 50 年代末提出“集成”的观点。1950 年 Kilby 在 IRE 的一次会议上宣布“固体电路”的出现，之后称为“集成电路”。集成电路的出现和应用，标志着电子技术发展到一个新的阶段，它实现了材料、元件、电路三者之间的统一，与传统的电子元件的设计、生产方式及电路的结构形式有着本质的不同。1960 年集成电路处于“小规模集成”阶段，每个半导体芯片上有不到 100 个元器件。1966 年进入“中规模集成”阶段，每个芯片上有 100 ~ 1 000 个元器件。1969 年进入“大规模集成”阶段，每个芯片上的元器件达到 10 000 左右。1975 年跨入“超大规模集成”阶段，每个芯片上的元器件多达 10 000 个以上。1960—1980 年，芯片上元器件的“集成度”增加了 1 000 000 倍，每年递增率约为两倍。目前的超大规模集成，在几十平方毫米的芯片上有上百万个元器件，进入“微电子”时代，大大促进了先进科学技术的发展。

随着半导体技术的发展和科学研究、生产和管理等的需要，电子计算机应时而兴起，并且日臻完善。从 1946 年诞生第一台电子计算机以来，经历了电子管、晶体管、集成电路及超大规模集成电路 4 代，每秒运算速度达 10 亿次。现在正在研究开发第五代计算机（人工智能计算机）和第六代计算机（生物计算机），它们不依靠程序工作，凭借人工智能工作。特别是 20 世纪 70 年代卫星计算机问世以来，其价廉、方便、可靠、小巧，大大加快了电子计算机的普及速度。

数字控制和数字测量在不断地发展和日益广泛地应用，数字控制机床和“自适应”数字控制机床相继出现。目前已经实现利用电子计算机对几十台乃至百台数字控制机床进行集中控制（所谓“群控”）。

晶体闸流管在工业上获得了广泛应用，使半导体技术进入了强电领域。

随着生产和科学技术发展的需要，电子技术的应用渗透到人类生活和生产的各个方面。

西方学者将之归纳为 4 个方面,或者 4 个“C”,它有两种说法:一种是元器件制造工业、通信、控制和计算机;另一种说法是通信、控制、计算机和文化生活,如广播、电视、录音、电化教学、电子文体用具、电子表等。

电子技术得到高度发展和广泛应用(如空间电子技术、生物医学电子技术、信息处理和遥感技术、微波应用等),它对社会生产力的发展起到变革性的推动作用。电子水准是现代化的一个重要标志,电子工业是实现现代化的重要物质技术基础。电子工业的发展速度和技术水平,特别是电子计算机的高度发展及其在生产领域中的广泛应用,直接影响工业、农业、科学技术和国防建设,关系社会主义建设的发展速度和国家的安危;直接影响亿万人民的物质、文化生活,关系广大群众的切身利益。

【教学评价】

表 1.9　教学评价表

评价项目	项目评价内容	分值	自我评价	小组评价	教师评价	得分
仿真操作	1. 正确绘制仿真电路	15				
	2. 正确测试仿真数据	15				
实际操作技能	1. 利用二极管搭接单相桥式整流电路	20				
	2. 测试整流桥	10				
小组提问	1. 简述变压器测试方法	5				
	2. 简述整流桥测试方法	10				
安全文明生产	1. 万用表的安全使用	5				
	2. 元器件的摆放	5				
学习态度	1. 出勤情况	5				
	2. 实验室和课堂纪律	5				
	3. 团队协作精神	5				
总分(100 分)						

任务 1.3　滤波和稳压电路

任务目标

1. 理解电容滤波电路的工作原理。
2. 了解电感滤波电路的工作原理。
3. 理解稳压电路的工作原理。

4. 搭接直流稳压电源电路并测试相关数据。

【任务描述】

学习滤波稳压电路工作原理，搭接直流稳压电源电路。

【任务准备】

(1)电容滤波电路

滤除输出电压谐波成分保留直流成分的电路称为滤波电路。电容滤波电路利用电容的充放电作用，使负载两端的电压变得比较平滑，如图 1.24 所示。电容滤波波形如图 1.25 所示。

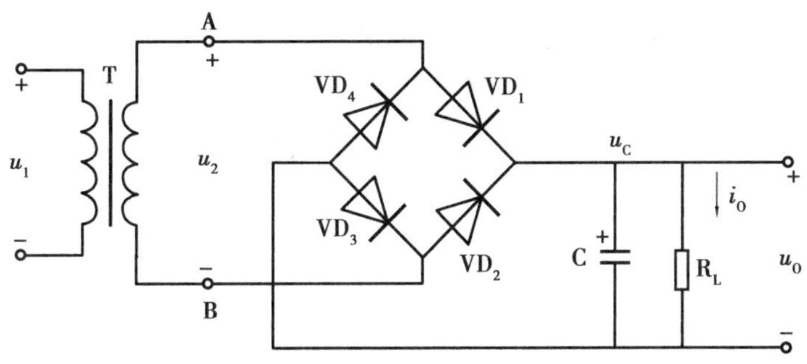

图 1.24　电容滤波电路

在 u_2 正半周，当 u_2 的数值大于电容两端电压 u_C 时，二极管 VD_1、VD_3 导通，VD_2、VD_4 截止。整流电流分为两路，一路通过负载 R_L，另一路对电容 C 充电储能，由于充电时间常数很小，所以充电速度很快，使 u_C 随 u_2 增长并达到峰值，如图 1.25 中 *ab* 段所示。当 u_2 开始按正弦规律下降时，电容通过 R_L 开始放电，u_C 开始降低，但放电时间常数较大，如图 1.25 中 *bc* 段所示。虽然 4 只整流二极管都截止，但在电容 C 和 R_L 组成的放电回路中，电容 C 继续对 R_L 放电，使 u_C 缓慢下降，如图 1.25 中 *cd* 段所示。

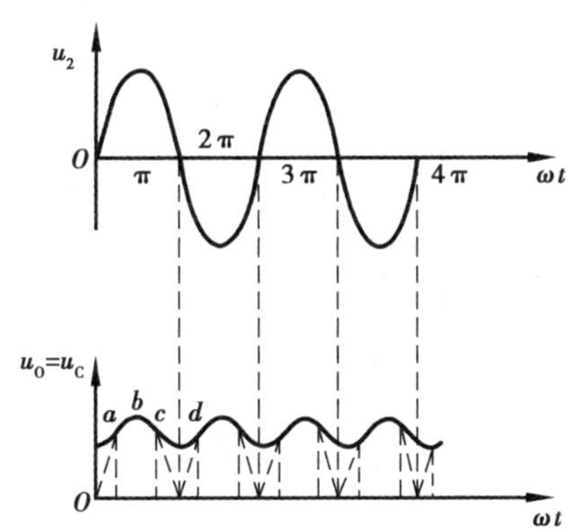

图 1.25　电容滤波波形

在 u_2 的负半周，如果 u_2 的幅值大于电容两端电压 u_C，则 VD_2、VD_4 导通，VD_1、VD_3 截止，这时，电流一路通过负载 R_L，另一路为电容充电；当 u_2 达到峰值并等于 u_C 时，充电结束，u_2 开始下降，u_C 开始放电；当 u_2 的幅值小于 u_C 时，VD_2、VD_4 截止，u_C 放电继续进行。

在电容滤波电路中，电容的充电回路阻值非常小，充电的时间常数也很小，充电电流非常大。另外，电容两端电压不能突变使二极管导通时间变短，这样在短时间就产生较大的浪涌电流，作用在整流二极管上，有可能烧毁整流二极管。电容滤波适合电流较小的场合。

电容滤波电路电容的选择：

$$\text{电容 } C \text{ 一般应满足} \quad CR_L \geqslant (3 \sim 5)\frac{T}{2} \tag{1.6}$$

$$C \geqslant (3 \sim 5)\frac{T}{(2R_L)} \tag{1.7}$$

式中，T 为交流电 u_2 的周期。

选择电容时，除需考虑它的容量外，耐压不容忽略，电容两端最大电压，一般取电容的耐压 $U_C=(1.5\sim2)U_2$。

输出电压的平均值，一般用下面的近似估算法：

在 $CR_L \geqslant (3\sim5)T/2$ 的条件下，近似认为

$$U_O = 1.2U_2(\text{桥式}) \tag{1.8}$$

二极管可能承受的最高反向电压

$$U_{DRM} = U_{2m} = \sqrt{2}u_2(\text{桥式}) \tag{1.9}$$

(2) 电感滤波电路

桥式整流电感滤波电路如图 1.26 所示，滤波元件 L 串接在整流输出与负载 R_L 之间（电感滤波一般不与半波整流电路搭配）。

电感是电抗元件，如果忽略内阻，整流输出的直流成分全部通过电感 L 降在负载 R_L 上，而交流成分大部分降在电感 L 上。当电感中通过交变电流时，电感两端便产生一个反电动势阻碍电流的变化，电流增大时，反电动势会阻碍电流的增大，并将一部分能量以磁场能量储存起来；电流减小时，反电动势会阻碍电流的减小，电感释放出储存的能量。这就大大减小了输出电流的变化，使输出电压变得平滑，达到了滤波的目的。当忽略 L 的直流电阻时，R_L 上的直流电压 U_O 与不加滤波时负载上的电压相同，即 $U_O=0.9U_2$。

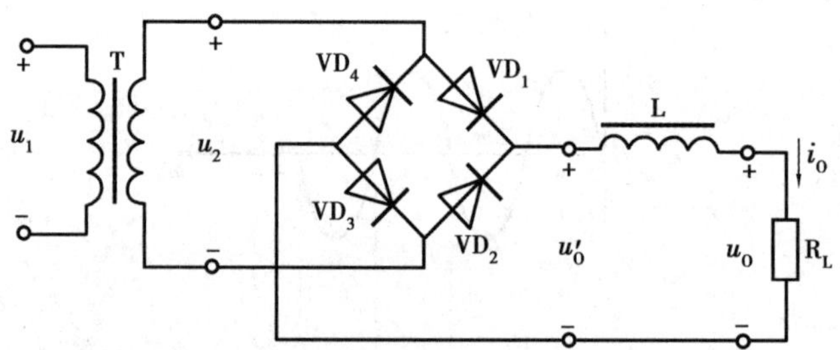

图 1.26 电感滤波电路

(3) 稳压电路

稳压电路是指在输入电网电压波动或负载发生改变时仍能保持输出电压基本不变的电源电路，如图 1.27 所示。最简单的稳压电路由稳压二极管组成。从稳压二极管的特性可知，若能使稳压管始终工作在它的稳压区内，则 U_O 基本稳定在 U_Z 左右，如图 1.28 所示。

稳压管正常工作的区域是反向击穿区。从反向特性可知，反向特性很陡，稳压管中的电流可在很大范围内变化，而其两端电压基本不变。当电网电压升高时，若要保持输出电压不变，则电阻器 R 上的压降应增大，即流过 R 的电流增大。增大的电流由稳压二极管容纳，由特性曲线可知此时 $U_O \approx U_z$ 基本保持不变。

若稳压二极管稳压电路负载电阻变小时，要保持输出电压不变，负载电流要变大。V_1 保

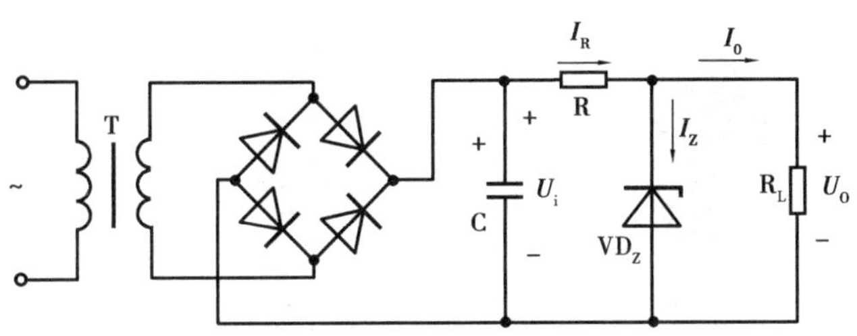

图 1.27　稳压管稳压电路

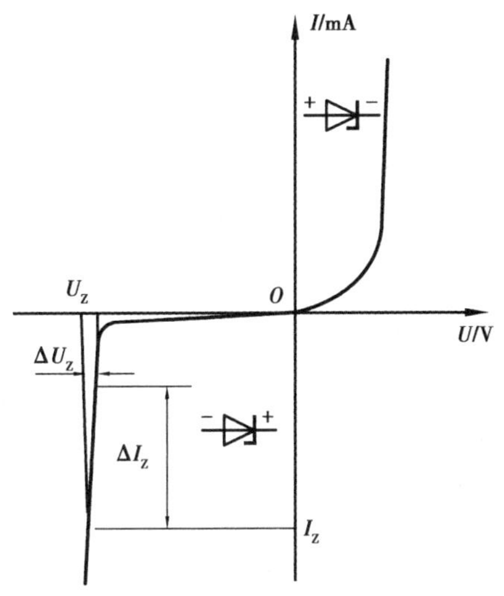

图 1.28　稳压管伏安特性

持不变，则流过电阻 R 的电流不变。此时负载需要增大的电流由稳压管调节出来。稳压管可认为是通过调节流过自身的电流大小（端电压基本不变）来满足负载电流的改变，并与限流电阻 R 配合，将电流的变化转化为电压的变化，以适应电网电压的变化。

稳压二极管电路稳压存在的问题：电网电压不变时，负载电流的变化范围就是 I_z 的调节范围（几十毫安），这就限制了负载电流 I_0 的变化范围。

(4) 集成稳压器

集成稳压器又称集成稳压电路，它是将不稳定的直流电压转换成稳定的直流电压的集成电路。用分立元件组成的稳压电源，具有输出功率大、适应性较广的优点，但其体积大、焊点多、可靠性差而使其应用范围受到限制。近年来，集成稳压电源已得到广泛应用，其中小功率的稳压电源以三端式串联型稳压器应用较为普遍。

集成稳压器按出线端子数量和使用情况大致可分为三端固定式、三端可调式、多端可调式及单片开关式等种类。

1) 三端固定式集成稳压器

三端固定式集成稳压器是一种串联调整式稳压器。它将全部电路集成在单块硅片中，整个集成稳压器只有输入、输出和公共 3 个引出端，使用非常方便。典型产品有 78××正电压输出系列和 79××负电压输出系列。如图 1.29 所示为 78××系列的正电压输出和 79××系列的负电压输出。

78××/79××系列中的型号××表示集成稳压器的输出电压的数值，以伏（V）为单位。两种系列稳压器输出的固定电压有 5 V、6 V、7 V、8 V、9 V、10 V、12 V、15 V、18 V和 24 V 等。型号中间的字母通常表示输出电流大小，以 78（或 79）后面加字母来区分，L 表示 0.1 A，M 表示 0.5 A，无字母表示 1.5 A。例如，78L05 表示 +5 V，0.1 A。后缀英文字母表示输出电压容差与封装形式等。三端稳压器电路接线方式如图 1.30 所示，输出正、负电压的三端稳压器电路如图 1.31 所示。

2) 三端可调式集成稳压器

三端可调式集成稳压器可以输出连续可调的直流电压。常见的产品有××117/××217/××317、××137/××237/××337。××117/××217/××317 系列稳压器可输出连续可

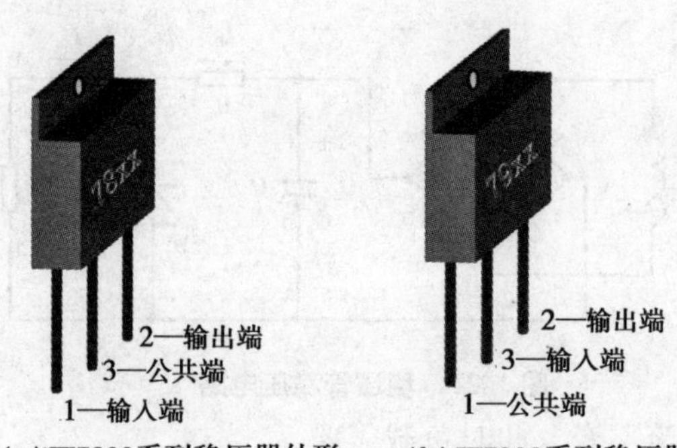

(a) W7800系列稳压器外形　(b) W7900系列稳压器外形

图 1.29　78××/79××系列稳压器外形引脚图

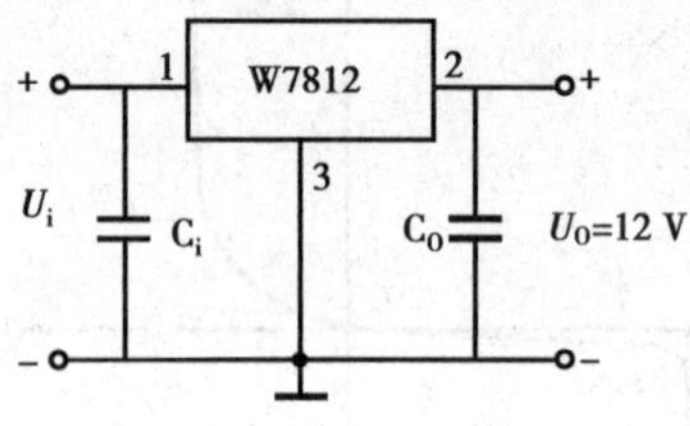

图 1.30　三端集成稳压器接线方式

调的正电压；××137/××237/××337 系列可输出连续可调的负电压。可调范围为 1.25～37 V，最大输出电流可达 1.5 A。典型产品有 LM317/LM337 等。三端可调式集成稳压器(LM317)封装形式和引脚功能，如图 1.32 所示。

××117/××217/××317 和××137/××237/××337 两种系列可调稳压器外形封装相同，区别在于输出电压一个是正压，一个是负压。其应用电路如图 1.33 和图 1.34 所示。

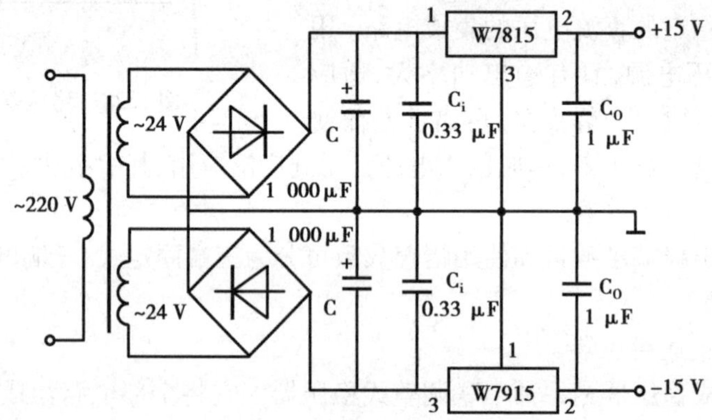

图 1.31　同时输出正、负电压的三端稳压电路

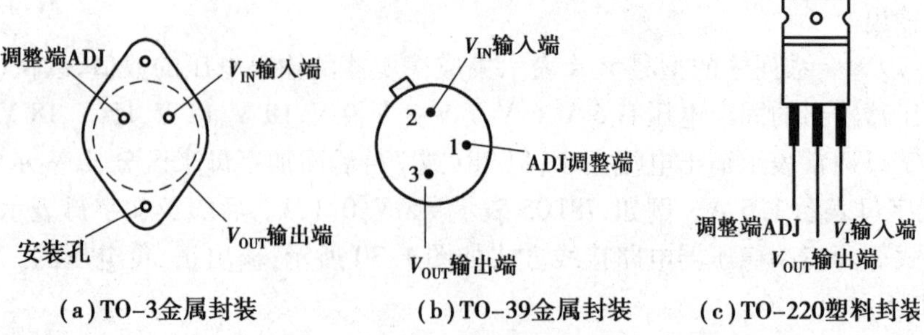

(a) TO-3金属封装　(b) TO-39金属封装　(c) TO-220塑料封装

图 1.32　三端可调式集成稳压器

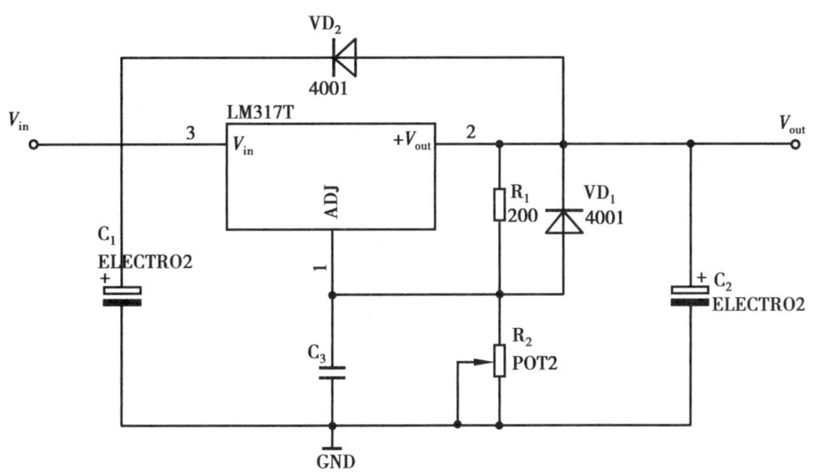

图 1.33　LM317 应用电路

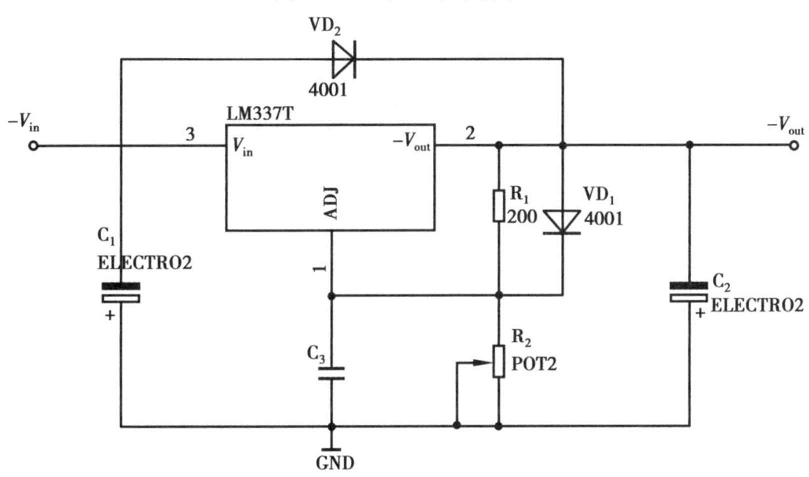

图 1.34　LM337 应用电路

3)集成稳压器使用注意事项

①集成稳压器电路品种很多,从调整方式上有线性的和开关式的;从输出方式上有固定的和可调式的。三端稳压器优点比较明显,使用操作比较方便,选用时应优先考虑。

②在接入电路之前,一定要分清引脚及其作用,避免接错时损坏集成块。输出电压大于6 V的三端集成稳压器的输入、输出端需接保护二极管,可防止输入电压突然降低时,输出电容迅速放电引起三端集成稳压器的损坏。

③为确保输出电压的稳定性,应保证最小输入、输出电压差。例如,三端集成稳压器的最小压差约2 V,一般使用时压差应保持在3 V以上。同时要注意最大输入、输出电压差范围不超出规定范围。

④为了扩大输出电流,三端集成稳压器允许并联使用。

⑤使用时,要焊接牢固可靠。对要求加散热装置的,必须加装符合要求尺寸的散热装置。

【任务实施】

步骤一:实验准备。

①复习单相整流电路仿真电路。

②整理电容滤波电路、稳压管稳压电路相关的知识。

③复习集成稳压器电路,做好实验准备。

步骤二:电容滤波电路测试。

电容滤波电路如图 1.35 所示。

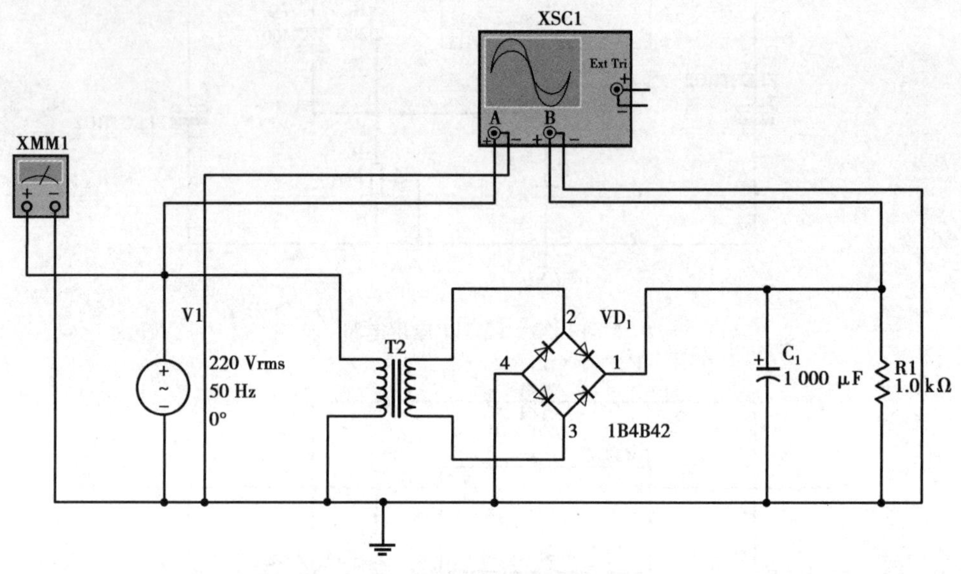

图 1.35 电容滤波电路测试

①测试电容滤波后,输出电压值为________;变压器降压输出为有效值为 12 V 交流电,试计算电容滤波电路输出电压值为________;计算值与测试值之差为________。

②若电容负极不接地,会出现什么情况?是否有输出波形?若有,请绘制波形。

③请测试在不同电容值下,滤波电路的输出电压,填入表 1.10。

表 1.10 测试表格

电容值	滤波输出电压	波形图
100 μF		
1 000 μF		
2 200 μF		

④思考并回答电容取值越大,输出电压有什么变化?输出波形有什么变化?

步骤三:稳压管稳压电路测试。

稳压管稳压电路如图 1.36 所示。

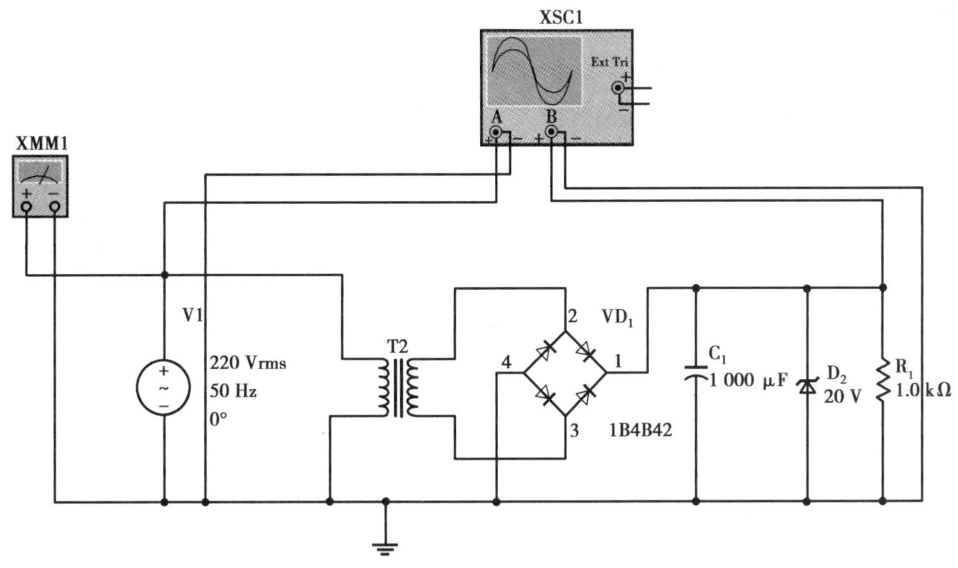

图 1.36　稳压电路测试

试调整稳压管的不同稳压值,如图 1.37 所示,观看输出电压波形并绘制波形。

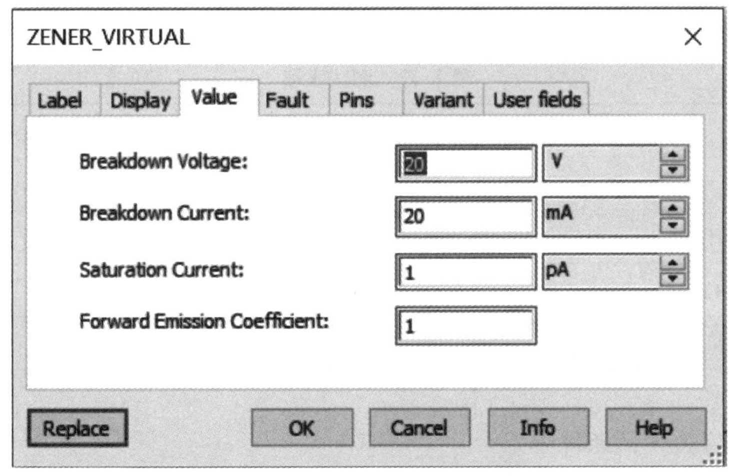

图 1.37　稳压二极管稳压值设定

应用拓展 1—三端稳压器直流电源电路(可调)。

①利用软件仿真绘制电路,如图 1.38 所示。

②空载调试测出输出电压最大值、最小值。

U_0 两端之间断开,变压器原边绕组 U_1 = 220 V(交流有效值),调 R_4 测 U_0 的范围,填入表 1.11。

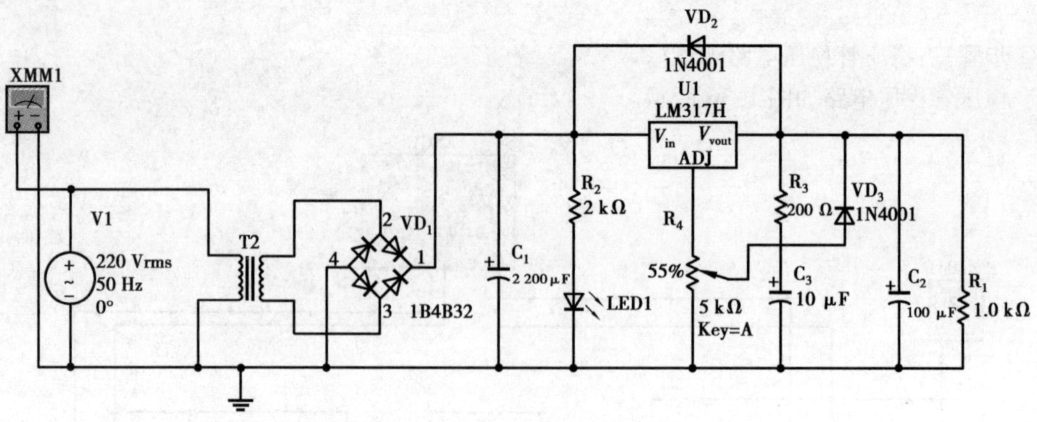

图 1.38 LM317 三端稳压器直流电源电路(可调)

表 1.11 测试表格 1

U_1	$U_{0\min}$	$U_{0\max}$

③带负载调试。

a. $U_1=220$ V,在空载的情况下调 $\mathrm{R_P}$,使 $U_0=9$ V。

b. 接上负载测试 $\mathrm{R_L}$ 变化对 U_0 的影响。

填入表 1.12。

表 1.12 测试表格 2

R_{L}	U_2	U_0	I_0
200 Ω			
100 Ω			
51 Ω			
断路			

计算在 $U_1=220$ V 的条件下

$$R_0=\frac{\Delta U_0}{\Delta I_0}=$$

④调整交流电源使 $U_1=220(1\pm10\%)\,\mathrm{V}=198\sim242$ V, R_{L} 取 51 Ω,测试电网电压波动时对 U_0 的影响,填入表 1.13。

表 1.13 测试表格 3

U_1	U_{I}	U_0	I_{O}
198 V			
242 V			

计算在 $R_L=51\ \Omega$ 的条件下

$$S_V=\frac{\frac{\Delta U_0}{U_0}}{\frac{\Delta U_I}{U_I}}$$

思考

①分析如图 1.39 所示电路:

a. 说明电路由哪几部分组成?各组成部分包括哪些元件?

b. 在图中标出 U_I 和 U_0 的极性。

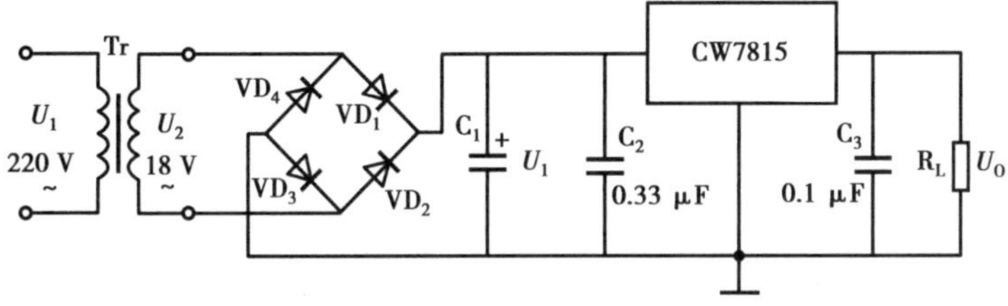

图 1.39

②整流滤波电路如图 1.40 所示,变压器副边电压有效值为 10 V,开关 S 打开后,电容器两端电压的平均值为(　　)。

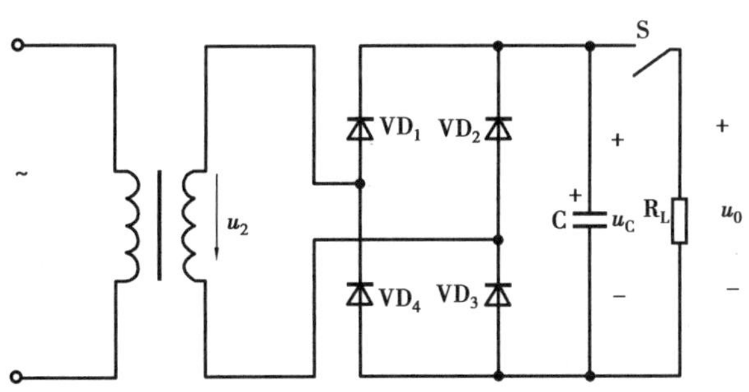

图 1.40　整流电容滤波电路

③思考本次课程遇到的困难。

知识链接

(1)模块电源

模块电源是可以直接贴装在印刷电路板上的电源供应器,可为专用集成电路(ASIC)、数字信号处理器(DSP)、微处理器、存储器、现场可编程门阵列 (FPGA) 及其他数字或模拟负载提供供电,如图 1.41 所示。一般来说,这类模块称为负载 (POL) 电源供应系统或使用点电源供应系统(PUPS)。由于模块式结构的优点明显,因此模块电源广泛用于交换设备、接入设备、移动通信、微波通信以及光传输、路由器等通信领域和汽车电子、航空航天等。

(a) (b)

图 1.41 模块电源

(2)三端稳压器与电源模块的区别

①三端稳压器为典型的串联式模拟电源,效率比较低,特别是当输入和输出电压差比较大时效率更低。为了保护三端稳压器不被过热烧毁,通常需要配置较大的散热器;电源模块通常为开关电源,效率比较高,发热量小,在同等功率输出的情况下,不需要很大的散热器。

②三端稳压器工作时不产生任何电磁辐射,输出波纹非常低,在对效率没有特殊要求的情况下,适用于各种电器供电;而电源模块工作时会产生一定的电磁辐射,输出波纹比较高,常用于抗干扰比较强的电子设备。

③三端稳压器对电网没有电磁干扰,属于洁净电源;电源模块通常会对电网有一定的干扰,需要加入电磁吸收电路。

④三端稳压器常用于音频电子设备或纯直流供电设备,如各种音响、电子测量仪器;电源模块常用于数码电子设备和对电磁干扰没有要求的电子设备。

【阅读材料】

(1)模拟电源

模拟电源即变压器电源,通过铁芯、线圈来实现,线圈的匝数决定了两端的电压比,铁芯的作用是传递变化磁场,主线圈在 50 Hz 频率下产生了变化的磁场,这个变化的磁场通过铁芯传递到副线圈,在副线圈里就产生了感应电压,于是变压器就实现了电压的转变。模拟电源的缺点是线圈、铁芯本身是导体,它们在转化电压的过程中会由于自感电流而发热(损耗),所以变压器的效率很低,一般不会超过 35%。

音响器材功放中变压器的应用:大功率功放需要变压器提供更多的功率输出,只有通过线圈匝数的增加、铁芯体积的增大来实现,匝数和铁芯体积的增加会加重其损耗,大功率功放的变压器必须做得非常大,这样就会导致模拟电源体积笨重,发热量大。

(2)开关电源

在电流进入变压器之前,一般通过晶体管的开关功能,将通常 50 Hz 的电流频率提升到数万 Hz,在这么高的频率下,磁场变化频率也达到几万 Hz,这样可以减少线圈匝数、铁芯体积获得同样的电压转化比。由于线圈匝数、铁芯体积的减少,损耗大大降低,一般开关电源效率达到 90%,而体积可以做得非常小,并且输出稳定,所以开关电源具有模拟电源难以达到的优点(开关电源有自己的不足,如输出电压有纹波及开关噪声,线性电源没有)。

开关电源的描述过程中已经表明开关电源的优势,即使是大功率功放,开关电源一样可以做得很精细、小巧,目前国内的数字功放以深圳崔帕斯数字音响设备有限公司的数字功放较为领先，目前已经发展到T类纯数字功放，并且下一代S类功放正在研发中。

(3)数字电源

在简单易用、参数变更要求不多的应用场合，模拟电源产品更具优势，因为其应用的针对性可以通过硬件固化来实现，而在可控因素较多、实时反应速度更快、需要多个模拟系统电源管理的、复杂的高性能系统应用中，数字电源则具有优势。此外，在复杂的多系统业务中，相对模拟电源，数字电源通过软件编程来实现多方面的应用，其具备的可扩展性与重复使用性使用户可以方便地更改工作参数，优化电源系统。通过实时过电流保护与管理，还可以减少外围器件的数量。

数字电源有用DSP控制的，还有用MCU控制的。相对来讲，DSP控制的电源采用数字滤波方式，较MCU控制的电源更能满足复杂的电源需求、实时反应速度更快、电源稳压性能更好。数字电源首先是可编程的，如通信、检测、遥测等所有功能都可用软件编程实现。另外，数字电源具有高性能和高可靠性，非常灵活。单片机中数字和模拟之间，因为数字信号是频谱很宽的脉冲信号，因此主要是数字部分对模拟部分的干扰很强。一般采用数字电源和模拟电源分开，两者之间用滤波器连接，在一些要求较高的场合，如某些单片机内部的AD转换器进行A/D转换时，常常要让数字部分进入休眠状态，绝大部分数字逻辑停止工作，以防止它们对模拟部分形成干扰。如果干扰严重，甚至可以分别用两个电源，一般用电感和电容隔离就行了。也可以将整个板子上数字和模拟部分的电源分别连在一起，用分别的通路直接接到电源滤波电容的焊点上。如果对抗干扰要求不高，也可以接在一起。如果不使用芯片的A/D或者D/A功能，可以不区分数字电源和模拟电源；如果使用了A/D或者D/A，还需考虑参考电源设计。

【教学评价】

表1.14　教学评价表

评价项目	项目评价内容	分值	自我评价	小组评价	教师评价	得分
仿真操作	1. 正确绘制整流电路	15				
	2. 正确绘制稳压电路	15				
实际操作技能	正确搭接三端稳压直流电压电路	30				
小组提问	1. 简述电容滤波的工作原理	10				
	2. 简述稳压电路的工作原理	5				
安全文明生产	1. 万用表的安全使用	5				
	2. 元器件的摆放	5				
学习态度	1. 出勤情况	5				
	2. 实验室和课堂纪律	5				
	3. 团队协作精神	5				
总分(100分)						

项目二
电子助听器的制作

项目描述

助听器在日常生活中使用比较普遍,助听器实质上是一种低频放大器,可用耳机进行放音,当使用者用上耳机后,可提高老年者的听觉,同时可对青少年的学习和记忆带来方便。本项目制作一个电子助听器(图2.1),分为3个任务,三极管的识别与检测;共发射极基本放大电路安装与测试;分压式偏置放大电路安装与测试。

图2.1　电子助听器

【学习目标】

掌握放大电路的工作原理和各元件的作用;了解放大器的直流通路和交流通路,能计算共发射极放大电路的静态指标和了解动态性能指标;了解多级放大器的组成、耦合方式。能识读电路图;了解负反馈在放大电路中的作用,认识功率放大器。

【技能目标】

会正确搭建各任务电路,会对各任务电路进行测试;具备识读电子产品电路原理图的能力,能正确安装和调试电子助听器,能对简单故障进行检修;掌握相应的焊接技术和焊接工艺。

【素质目标】

实验过程中安全操作,严格执行实验室“7S”管理要求,培养良好的职业素养和劳动习惯,增强团队意识和创新意识，养成实事求是的科学态度，建立战胜困难的自信心；养成独立思考的习惯，培养质疑精神和创新精神。

任务2.1　三极管的识别与检测

任务目标

1. 掌握三极管的结构、符号及作用。
2. 掌握三极管的伏安特性及电流放大原理。
3. 了解三极管的分类及主要参数。
4. 会用万用表测试三极管的好坏和管脚判断。

【任务描述】

学习晶体三极管的结构、符号及输入输出特性，电流放大原理，利用目测法判断常用三极管管脚名称，正确使用万用表测试晶体三极管的好坏和管脚判断。

【任务准备】

(1)认识晶体三极管

晶体三极管简称三极管，具有电流放大作用，按照结构分为有NPN和PNP两种类型，晶体三极管结构示意图如图2.2所示，两种类型都由反射区、基区、集电区3个部分组成，与集电区相连接的PN结称为集电结，与发射区相连接的PN结称为发射结。从3个区引出的电极分别称为集电极C、基极B和发射极E，相应的电流分别称为集电极电流I_C、基极电流I_B和发射极电流I_E，它们的关系为$I_E = I_C + I_B$。晶体三极管的符号如图2.3所示，图中发射极箭头表示电流方向。

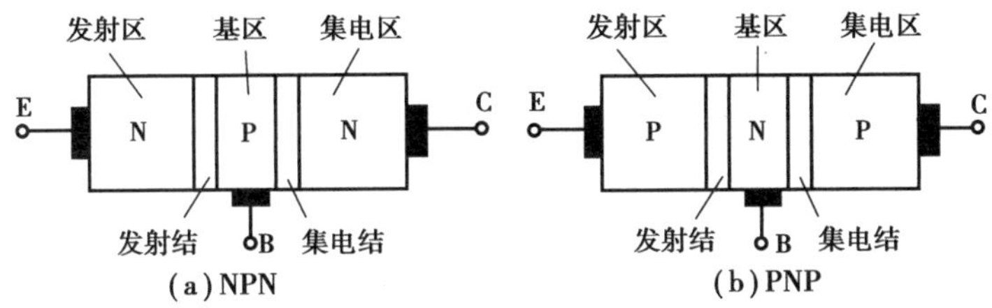

图2.2　晶体三极管结构示意图

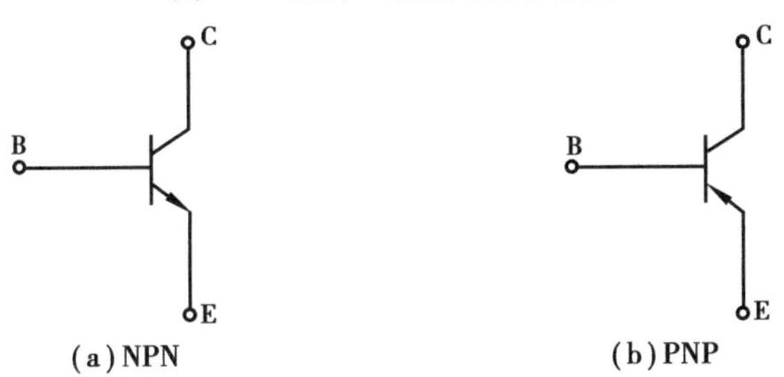

图2.3　晶体三极管的符号

(2)晶体三极管的输入和输出特性

1)输入特性

晶体三极管的输入特性如图 2.4 所示,有一段死区,只有 U_{BE} 大于死区电压时,才有基极电流 I_B,三极管才能导通,具有电流放大作用。三极管导通时,硅管的发射结压降 U_{BE} 一般取 0.6 ~ 0.7 V,锗管的发射结压降 U_{BE} 一般取 0.2 ~ 0.3 V。

2)输出特性

晶体三极管的输出特性如图 2.5 所示。输出特性曲线分为 3 个区:截止区、放大区、饱和区,分别对应截止状态、放大状态、饱和状态。

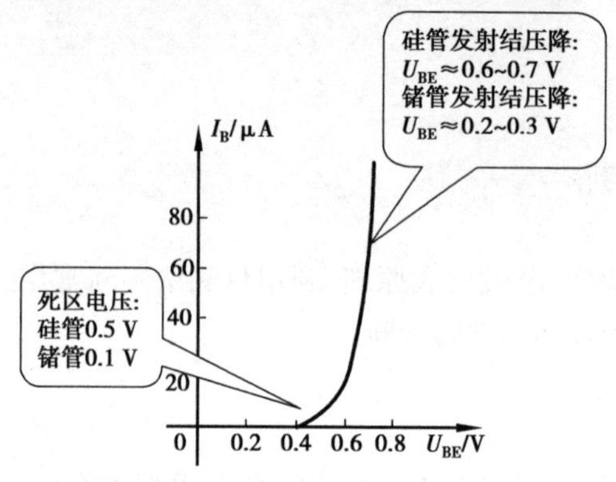

图 2.4 晶体三极管输入特性曲线

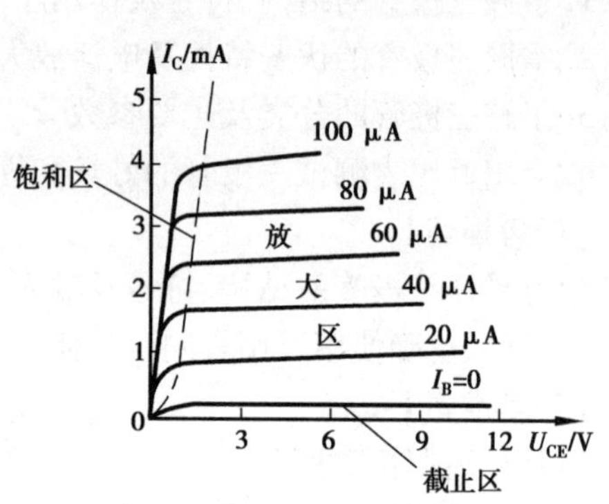

图 2.5 晶体三极管输出特性曲线

①放大区。

条件:发射结正偏,集电结反偏。

作用:电流放大作用,在模拟电路中,常用作放大元件。

②饱和区。

条件:发射结正偏,集电结正偏。

作用:无电流放大作用,在数字电路中,常用作开关元件。

③截止区。

条件:发射结反偏,集电结反偏。

作用:无电流放大作用,在数字电路中,常用作开关元件。

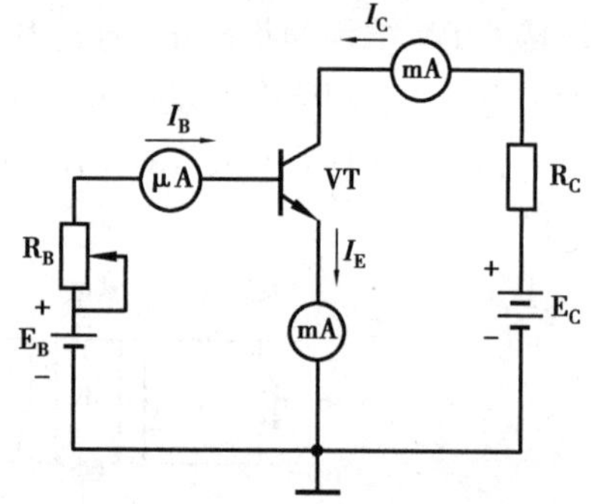

图 2.6 实验电路图

(3)晶体三极管电流放大原理

晶体三极管电流放大作用实验电路图,如图 2.6 所示。

微课:晶体三极管电流放大原理

实验结果:改变 R_B,基极电流 I_B、集电极电流 I_C、发射极电流 I_E 的变化见表 2.1。

表 2.1 实验数据表

I_B/mA	0	0.02	0.04	0.06	0.08	0.10
I_C/mA	0	0.7	1.5	2.3	3.1	3.95
I_E/mA	0	0.72	1.54	2.36	3.18	4.05

从表中可知：

$$I_B + I_C = I_E \tag{2.1}$$

$$\beta = \frac{\Delta I_C}{\Delta I_B} = \frac{2.3 - 1.5}{0.06 - 0.04} = \frac{0.8}{0.02} = 40$$

$$\beta = \frac{I_C}{I_B} \tag{2.2}$$

结论：三极管具有电流放大作用。I_C 与 I_B 之比称为电流放大倍数 β。

(4) 晶体三极管主要参数

三极管参数是反映三极管各种性能的指标数值，是放大电路分析和设计时要参考的数据，也是选用三极管的依据。三极管的主要技术参数见表 2.2。

表 2.2　晶体三极管的主要参数

技术参数名称		表示方法	定　义	选用思路及说明
电流参数	共发射极电流放大系数	β	三极管共射极连接且 U_{CE} 恒定时，集电极电流变化量 ΔI_C 与基极电流变化量 ΔI_B 之比	管子的 β 值太小时，放大作用差；β 值太大时，工作性能不稳定。一般选用 β 为 30～80 的管子
	集电极最大允许电流	I_{CM}	三极管参数变化不超过允许值时允许通过的最大电流	是三极管的一项安全参数。三极管在应用中 C 极电流绝对不能超过 I_{CM}
	集电结反向饱和电流	I_{CBO}	指发射极开路，在集电极与基极之间加上一定的反向电压时，流过集电结的反向电流	在一定温度下，I_{CBO} 是一个常量。随着温度的升高 I_{CBO} 将增大，它是三极管工作不稳定的主要因素。在相同环境温度下，硅管的 I_{CBO} 比锗管的 I_{CBO} 小得多
	C-E 极穿透电流	I_{CEO}	指基极开路，集电极与发射极之间加一定反向电压时，C-E 极间导通的电流	I_{CEO} 的值越小，三极管工作越稳定，质量越好。I_{CEO} 和 I_{CBO} 一样，也是衡量三极管热稳定性的重要参数
	发射结反向饱和电流	I_{EBO}	指集电极开路，发射结加规定电压时，流过发射结的反向电流	发射结反向饱和电流 I_{EBO} 也是评价三极管好坏的一项参数
电压参数	发射结反向击穿电压	U_{EBO}	指集电极开路，发射结反向击穿时，发射极、基极加的反向电压	应用中，发射结加的反向电压应小于 U_{EBO} 值，否则将击穿损坏三极管
	集电结反向击穿电压	U_{CBO}	指发射极开路，集电结反向击穿时，集电结间所加的电压	任何时候，加在集电结间的反向电压均不应超过 U_{CBO} 值，否则将击穿损坏三极管

续表

技术参数名称		表示方法	定　义	选用思路及说明
电压参数	C-E 极击穿电压	U_M	当 C-E 极电压高到一定值时，集电极电流 I_C 就会急剧增大而将管子烧毁，这种现象称为击穿，能使 C-E 极击穿的电压称为三极管 C-E 极击穿电压	为了保障三极管的安全，在使用时加在 C-E 极的电压不应超过 U_M，否则将击穿损坏三极管
功率参数	集电极最大允许耗散功率	P_{CM}	使三极管要烧毁而尚未烧毁的消耗功率，称为集电极最大允许耗散功率	若实际耗散功率大于允许的 P_{CM} 值，三极管就会被烧坏，应用中应小于 P_{CM}

(5)晶体三极管检测方法

1)目测法

三极管种类较多，封装形式不一，管脚也有多种排列方式，常用三极管管脚排列和引脚口诀见表 2.3。

表 2.3　常用三极管管脚排列

金属封装大功率三极管	塑料封装大功率三极管
引脚口诀：管脚朝自己，两个引脚在上方，左边引脚为 B 脚，右边引脚为 E 脚，金属外壳为 C 脚	引脚口诀：有字一面朝自己，引脚朝下放，从左往右数，B/C/E 脚
金属封装小功率三极管	**塑料封装小功率三极管**
引脚口诀：管脚朝自己，3 个引脚三角形，凸点旁边为 E 脚，顺时针数，下一个为 B 脚，剩下为 C 脚	引脚口诀：平面朝自己，引脚朝下，从左往右数，E/B/C 脚

2)万用表法

常见的晶体三极管有金属封装和塑料封装等形式。常见的几种三极管的电路符号、实物图及检测方法见表2.4。

表2.4　常见的几种三极管的电路符号、实物图及检测方法

<table>
<tr><th>符号及名称</th><th>实物图</th><th>检测方法</th></tr>
<tr>
<td>PNP 型
三极管

NPN 型
三极管</td>
<td>小功率三极管

塑封三极管

金属封装小功率三极管</td>
<td>(1)已知型号和引脚排列的三极管
可按下述方法来判断其性能好坏:
①测量极间电阻。将万用表置于 $R\times100$ 挡或 $R\times1$ kΩ 挡,按照红、黑表笔的 6 种不同接法进行测试。其中,发射结和集电结的正向电阻值比较低,其他 4 种接法测得的电阻值都很高,约为几百千欧至无穷大。但不管是低阻还是高阻,硅材料三极管的极间电阻要比锗材料三极管的极间电阻大得多。
②三极管的穿透电流。通过用万用表电阻直接测量三极管 E-C 极之间的电阻方法,可间接估计 I_{CEO} 的大小,具体方法如下:
万用表电阻的量程一般选用 $R\times1$ kΩ 挡,对 PNP 管,黑表笔接 E 极,红表笔接 C 极;对 NPN 型三极管,黑表笔接 C 极,红表笔接 E 极。要求测得的电阻越大越好。E-C 极间的阻值越大,说明管子的 I_{CEO} 越小;反之,所测阻值越小,说明被测管子的 I_{CEO} 越大。一般说来,中、小功率硅管、锗材料低频管,其阻值应分别在几十千欧、几十百欧以上,如果阻值很小或测试时万用表指针来回晃动,则表明 I_{CEO} 很大,管子的性能不稳定。
③测量放大能力(β)。目前有些型号的万用表具有测量三极管 h_{FE} 的刻度线及其测试插座,可以很方便地测量三极管的放大倍数。先将万用表功能开关拨至 h_{FE} 挡,把被测三极管插入测试插座,即可从 h_{FE} 刻度线上读出管子的放大倍数。
有些型号的中、小功率三极管,生产厂家(国内)直接在其管壳顶部标示出不同色点来表明管子的放大倍数 β 值,其颜色和 β 值的对应关系如下,但要注意,各厂家所用色标并不一定完全相同。
<table>
<tr><td>颜色</td><td>白</td><td>灰</td><td>黄</td><td>绿</td><td>红</td></tr>
<tr><td>β 值范围</td><td>10 ~ 20</td><td>30 ~ 50</td><td>50 ~ 100</td><td>100 ~ 150</td><td>150 ~ 200</td></tr>
</table>
(2)检测判别电极
①判定基极。用万用表 $R\times100$ 挡或 $R\times1$ kΩ 挡测量 3 极管的 3 个电极中每两个电极之间的正、反向电阻值。当用第一根表笔接某一电极,而第二表笔先后接触另外两个电极均测得低阻值时,则第一根表笔所接的那个电极即为基极 B。这时,要注意万用表的表笔,如果红表笔接的是基极 B,黑表笔分别接在其他两极时,测得的阻值都较小,则可判定被测三极管为 PNP 型管;如果黑表笔接的是基极 B,红表笔分别接触其他两极时,测得的阻值较小,则被测三极管为 NPN 型管。</td>
</tr>
</table>

续表

符号及名称	实物图	检测方法
 PNP 型三极管 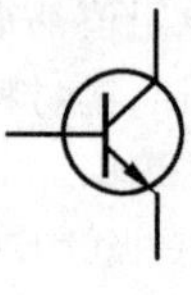 NPN 型三极管	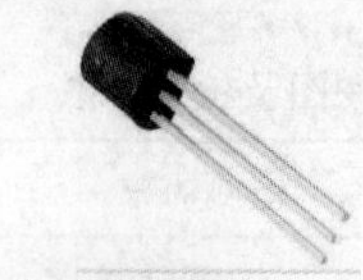 小功率三极管  塑封三极管  金属封装小功率三极管	②判定集电极 C 和发射极 E(以 NPN 为例)。将万用表置于 $R\times100$ 挡或 $R\times1$ kΩ 挡,用手指连接基极和一只管脚,黑表笔同时接触这只管脚,用红表笔接触另外一个管脚,测两管脚之间的电阻,交换与基极相连的管脚,再测一次。所测得的两个电阻值会一个大一些,一个小一些,当黑表笔接触某一管脚,测得阻值较小时,黑表笔所接管脚为集电极。
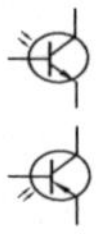 光敏三极管	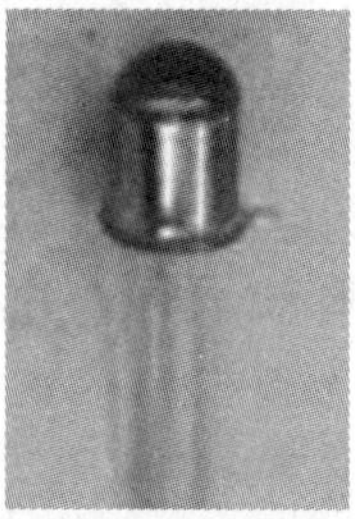 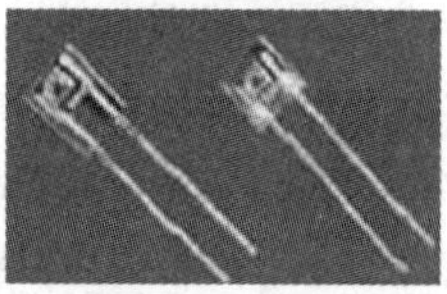	光敏三极管具有两个 PN 结,其基本原理与二极管相同,但它把光信号变成电信号的同时,还放大了信号电流,具有更高的灵敏度。一般光敏三极管的基极已在管内连接,只有 C 和 E 两根引线(也有将基极引出的)。 光敏管分有硅管和锗管,如 2AU(光敏二极管)、3AU(光敏三极管)等是锗管;2CU、2DU、3CU、3DU 等是硅管。 在使用光敏管时,不能从外形来区别是二极管还是三极管,只能由型号来判定。
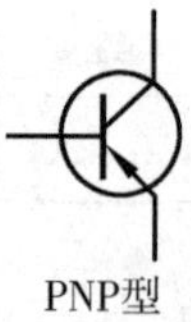 PNP型 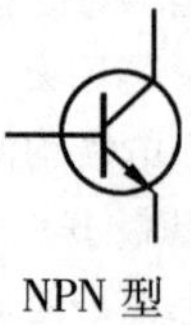 NPN 型 大功率三极管	  	用万用表检测中、小功率三极管的极性、管型及性能的各种方法,对检测大功率三极管来说基本上适用。但是,由于大功率三极管的工作电流比较大,因此其 PN 结的面积也较大。PN 结较厚,其反向饱和电流也必然增大。若像测量中、小功率三极管极间电阻那样,使用万用表的 $R\times1$ kΩ 挡测量,测得的电阻值必然很小,好像极间短路一样,通常使用 $R\times10$ 挡或 $R\times1$ 挡检测大功率三极管。

实验:三极管测量方法

【任务实施】

步骤一:复习。

①电子实训室安全操作规程学习。

②画出三极管的符号。

③写出三极管电流放大作用的计算公式。

④说出三极管的检测方法。

步骤二:准备实验器材。

需准备的实验器材见表 2.5。

表 2.5　实验器材

序号	名称	规格	数量
1	三极管	3DG6　3DD01　3DD15　9012　9013　9014	各 1 只
2	光敏三极管	3DU	1 只
3	万用表	MF47	1 只
4	万用表检查		

步骤三:目测法判断常用三极管管脚名称。

利用电子元件盒,教师讲解三极管实物,学生观察三极管实物,绘制外观示意图,记录元件型号并解释型号含义,用目测法识别三极管管脚名称,完成表 2.6。

表 2.6　目测法判断三极管

型号	型号含义	外观示意图	引脚口诀

续表

型号	型号含义	外观示意图	引脚口诀

步骤四:利用万用表检测三极管。

①在使用万用表之前,应先检查指针式万用表指针是否指示正常,即在没有被测电量时,万用表指针指在零电压或零电流的位置上。

②选择万用表__________挡,小功率三极管选择挡位__________或__________,然后进行__________调零。大功率三极管选择挡位__________或__________,然后进行__________调零。

③选择万用表__________挡,小功率三极管选择挡位__________或__________,然后进行__________调零。当用第一根表笔接某一电极,而第二表笔先后接触另外两个电极均测得低阻值时,则第一根表笔所接的那个电极即为__________极。这时,要注意万用表的表笔,如果红表笔接的是基极 B,黑表笔分别接在其他两极时,测得的阻值都较小,则可判定被测三极管为__________型管;如果黑表笔接的是基极 B,红表笔分别接触其他两极时,测得的阻值较小,则被测三极管为__________型管。

④判定集电极 C 和发射极 E(以 NPN 为例):将万用表置于__________挡或 $R\times 1\ \text{k}\Omega$ 挡,用手指捏住基极和一只管脚,__________表笔同时接触这只管脚,用__

________表笔接触另外一个管脚，测两管脚之间的电阻，交换与基极相连的管脚，再测一次。所测得的两个电阻值会一个大一些，一个小一些，当黑表笔接触某一管脚，测得阻值________时，黑表笔所接管脚为________极。

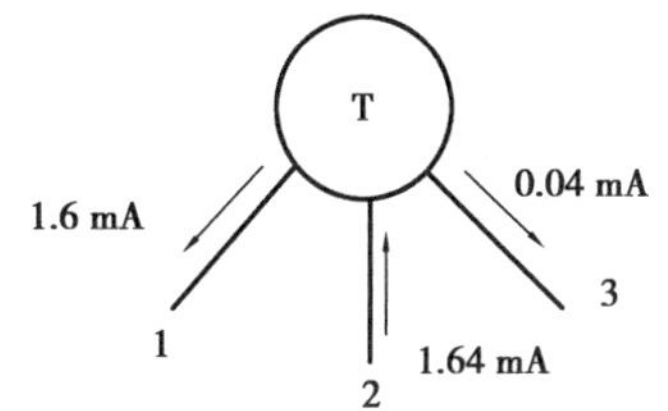

图 2.7　三极管电流示意图

应用拓展 1——根据三极管管脚电流判断三极管。

如图 2.7 所示：①已知管脚 1 和 2 的电流大小和实际方向，判断管脚 3 的电流大小和实际方向是否正；②判断管脚 E、B、C；③判断三极管结构类型，判断结果填入表格 2.7。

表 2.7　根据管脚电流判断三极管

管脚序号	管脚名称	三极管结构类型	①所指是否正确
1			
2			
3			

应用拓展 2——根据三极管管脚电位判断三极管工作状态。

各管脚对地电位如图 2.8 所示，判断各三极管的工作状态，判断结果填入表 2.8。

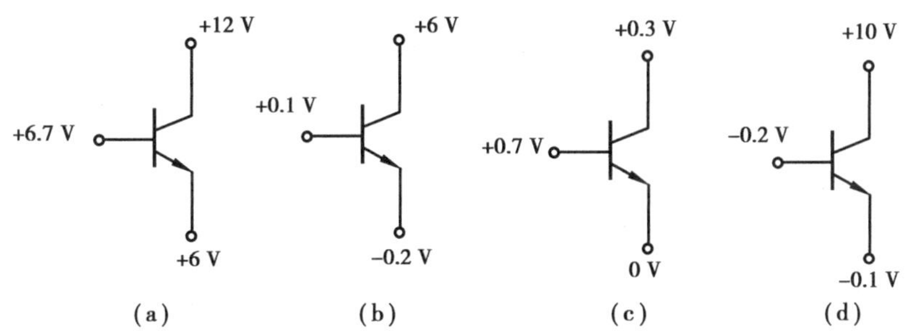

图 2.8　三极管电位示意图

表 2.8　根据管脚电位判断三极管

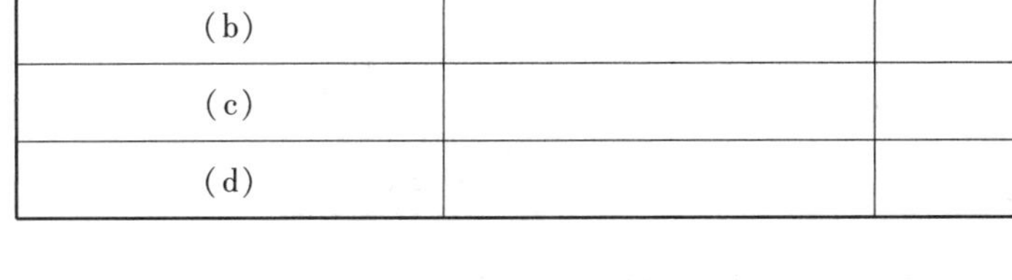

序号	工作状态	材料
(a)		
(b)		
(c)		
(d)		

思考

①晶体三极管具有什么放大作用？

②晶体三极管 3 个工作区的条件和作用是什么？

③总结本次课程中遇到的问题及解决方法。

【安全提示】

①请严格遵守实验室操作规程。

②按照实验室“7 S”管理要求规范操作。

【注意】

判定三极管集电极 C 和发射极 E 时(以 NPN 为例),用手指连接基极和一只管脚,黑表笔同时接触这只管脚时,要注意黑表笔不能接触基极。

知识链接

晶体三极管的符号及各电流关系,如图 2.9 所示。

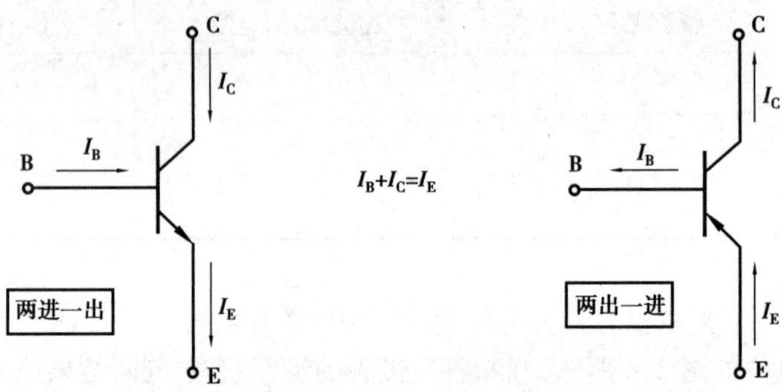

图 2.9　三极管的符号及各电流关系

【阅读材料】

(1) 三极管的型号和命名方法(图 2.10)

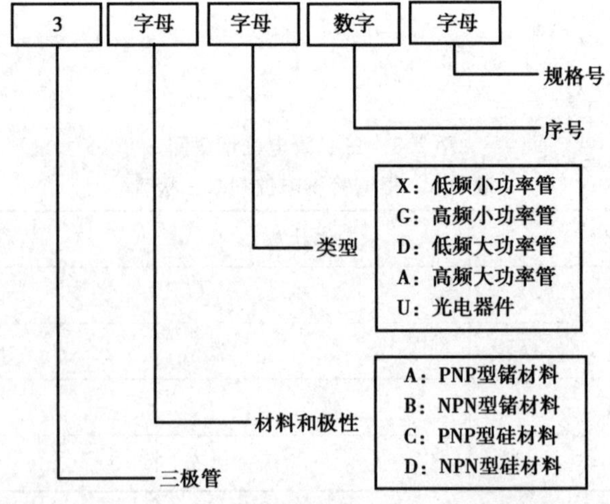

图 2.10　三极管的型号和命名方法

(2)常用三极管介绍

1)低频小功率三极管

低频小功率三极管一般用于工作频率较低,功率在 1 W 以下的电压放大电路、功率放大电路等。常用的国产低频小功率三极管型号有 3AX 系列、3DX 系列等。进口的低频小功率三极管型号有 2SA940、2SC2462、2N2944 等。

2)低频大功率三极管

低频大功率三极管一般用作电视机、音响等家电中电源的调整管或功率输出管,也可用于稳压电源、汽车点火电路、不间断电源(UPS)等。常用的国产低频大功率三极管型号有 3DD 系列、3AD 系列等。进口的低频大功率三极管型号有 2SA670、2SB337、2AC1827、BD201 等。

3)高频小功率三极管

高频小功率三极管一般用于工作频率较高,功率不大于 1 W 的放大、振荡、开关控制等电路。常用的国产高频小功率三极管型号有 3AG 系列、3DG 系列等。进口的高频小功率三极管型号有 2SA1015、2SC1815、S90××系列、BC148、BC158 等。

4)高频大功率三极管

高频大功率三极管一般用于视频放大电路、前置放大电路、互补驱动电路、高压开关电路、电视机行输出电路等。常用的国产高频大功率三极管型号有 3DA 系列、3CA 系列等。进口的高频大功率三极管型号有 2SA634、2SC2068、2SD966、BD135 等。

5)开关三极管

开关三极管是一种饱和与截止状态变换速度较快的三极管,可分为小功率开关三极管和高反压大功率开关三极管等。小功率开关三极管一般用于高频放大电路、脉冲电路、开关电路、同步分离电路等,常用的国产型号有 3AK 系列、3DK 系列等。高反压大功率开关三极管通常都是硅 NPN 型三极管,主要在彩色电视机、计算机显示器中用作电源开关管等,常用的高反压大功率开关三极管的型号有 2SC1942、2SD820、2SD1431 ~ 2SD1433 等。

(3)判断集电极 c 和发射极 e 的其他方法

现在多数万用表都有测试三极管 h_{FE} 挡和专用插座,将三极管基极对准“b”孔插入插座后,若集电极 c 和发射极 e 与插座所标注的一致,万用表针摆动幅度大。

【教学评价】

表 2.9　教学评价表

评价项目	项目评价内容	分值	自我评价	小组评价	教师评价	得分
实际操作技能	1. 正确识别三极管及利用目测法判断常用三极管管脚名称	20				
	2. 正确识别三极管及使用万用表检测和判别三极管的好坏	30				
理论知识	1. 简述三极管的输入和输出特性	10				
	2. 简述三极管的 3 个工作区条件和作用	10				
	3. 简述三极管的主要参数	5				

续表

评价项目	项目评价内容	分值	自我评价	小组评价	教师评价	得分
安全文明操作	1. 万用表的正确使用	5				
	2. 元器件的摆放及实训台的整理	5				
学习态度	1. 出勤情况	5				
	2. 实验室和课堂纪律	5				
	3. 团队协作精神	5				
总分(100 分)						

任务2.2　共发射极基本放大电路安装与测试

任务目标

1. 理解共发射极基本放大电路的组成和各部分的作用。
2. 了解共发射极基本放大电路以及放大电路的直流通路与交流通路。
3. 掌握静态指标的估算和理解动态参数的估算。
4. 模拟电路实验箱、信号发生器和示波器的正确使用。
5. 正确搭接共发射极基本放大电路并完成测试。

【任务描述】

学习共发射极基本放大电路,搭接共发射极基本放大电路,仪器仪表的正确使用,完成共发射极基本放大电路仿真测试和模拟电路实验箱电路测试。

【任务准备】

(1)放大的概念

在电子技术中,利用晶体三极管组成放大电路,将微弱的电信号进行放大,驱动负载使其工作,如扩音机电路的示意图如图2.11所示。放大电路的实质,是一种用较小的能量去控制较大能量转换的能量转换装置,即利用三极管的电流控制作用,将直流电源的能量部分地转化为按输入信号规律变化且有较大能量的输出信号。

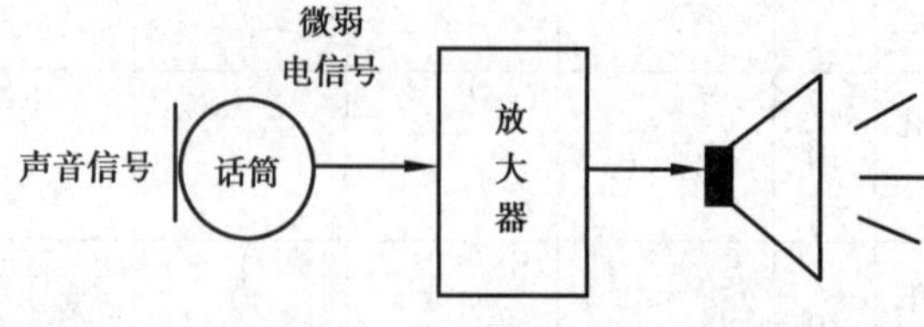

图2.11　扩音机电路的示意图

(2)共发射极基本放大电路组成及元件作用

1)电路组成

共发射极基本放大电路如图2.12所示,其主要作用是实现交流电压放大,将微弱电信号的幅度进行提升。

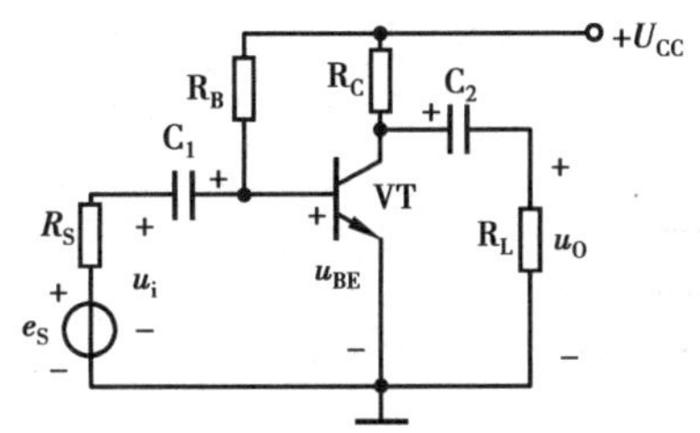

图 2.12　共发射极基本放大电路

2)各元件作用

微课:基本放大电路静态分析

①三极管 VT:是放大电路的核心元件,它在电路中起电流放大作用,它的工作状态决定了放大电路能否正常工作。

②集电极直流电源 U_{CC}:正极接三极管的集电极,为集电结提供反向偏置。同时,它还为输出信号提供能源。U_{CC}一般为几伏至几十伏。

③集电极负载电阻 R_C:将三极管集电极电流的变化转变为电压变化,以实现电压放大。R_C的阻值一般为几千欧。

④基极偏置电阻 R_B:为三极管发射结提供正向偏置,产生一个大小合适的基极直流电流 I_B。调节 R_B的阻值可控制 I_B的大小,I_B过大或过小放大电路都不能正常工作。R_B的阻值一般为几十千欧至几百千欧。

⑤耦合电容器 C_1和 C_2:C_1和 C_2一方面起隔直作用;另一方面又起耦合交流作用。C_1和 C_2选用电解电容器,电容量一般为几微法到几十微法,使用时应特别注意它们的极性与实际工作电压的极性是否相符合,若连接反了可能会引起 C_1或 C_2破裂。

(3)共发射极基本放大电路分析

放大电路的分析方法如图 2.13 所示。

1)静态分析

放大电路没有输入信号(交流信号)时的工作状态称为静态,放大电路有输入信号(交流信号)时的工作状态称为动态,晶体管的放大作用即是对交流信号的放大作用。静态分析常用估算法。

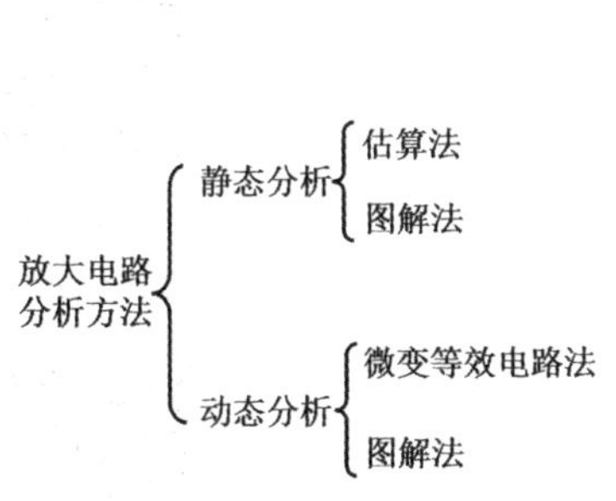

图 2.13　放大电路的分析方法

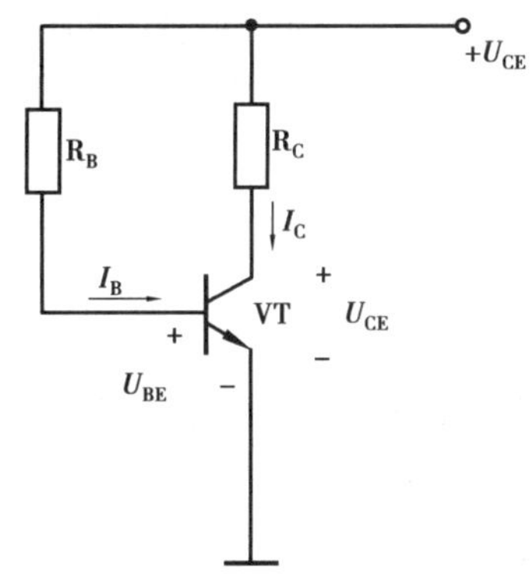

图 2.14　基本放大电路直流通路

交流电压放大电路信号放大过程

①直流通路。

放大电路的直流等效电路即为直流通路,是放大电路输入回路和输出回路直流电流的流经途径。画直流通路的方法是:将电容视为开路,电感视为短路,共发射极基本放大电路的直流通路,如图 2.14 所示。

②估算静态值。

静态是指无交流信号输入时放大电路的工作状态。静态时,电压、电流均为直流量,静态时三极管各极的电流和电压值称为静态工作点 Q,如图 2.15 所示。静态分析主要是确定放大

电路中的静态值 I_{BQ}、I_{CQ} 和 U_{CEQ}。

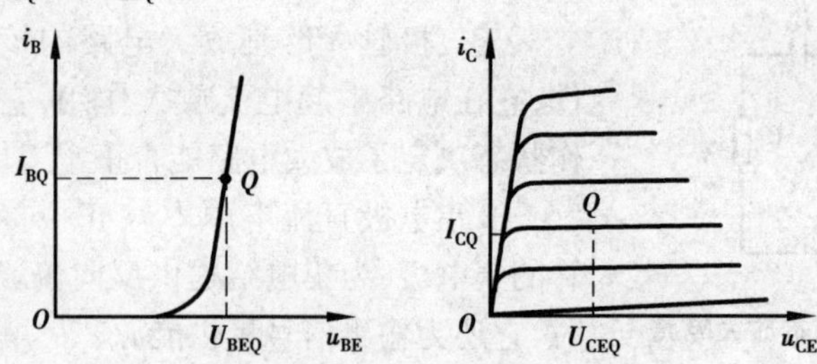

图 2.15　基本放大电路的静态工作点

根据直流通路估算静态值如下：

$$I_B = \frac{U_{CC} - U_{BE}}{R_B} \approx \frac{U_{CC}}{R_B}$$

$$I_C = \beta I_B$$

$$U_{CE} = U_{CC} - I_C R_C \tag{2.3}$$

2）动态分析

放大电路有输入信号（交流信号）时的工作状态称为动态 。放大电路交流等效电路即为交流通路，是放大电路输入的交流信号的流通途径。它的画法是：将电容视为短路，电感视为开路，直流电源视为短路，其余元件照画。共发射极基本放大电路的交流通路，如图 2.16 所示。

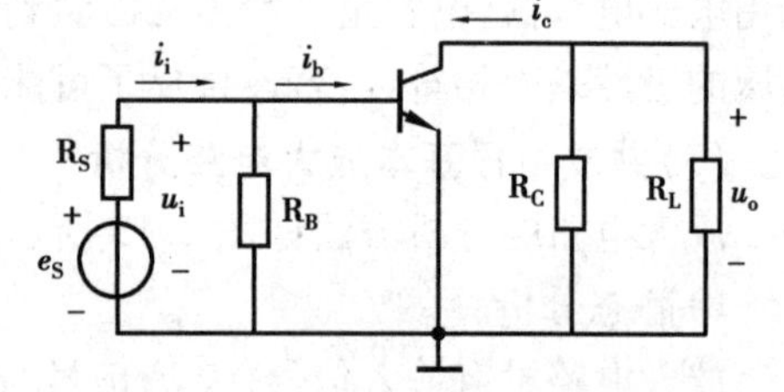

图 2.16　基本放大电路的交流通路

①输出电压 u_o 与输入电压 u_i 之间的关系。

输出电压 u_o 与输入电压 u_i 之间的关系，如图 2.17 所示。

从图中可知，输出电压 u_o 与输入电压 u_i 之间的关系如下：

a. 幅度变大；

b. 频率相同；

c. 相位相反。

微课：基本放大电路动态分析

②动态指标。

晶体三极管的微变等效电路，如图 2.18 所示。

对小功率晶体管：

晶体管的输入电阻 r_{be}：

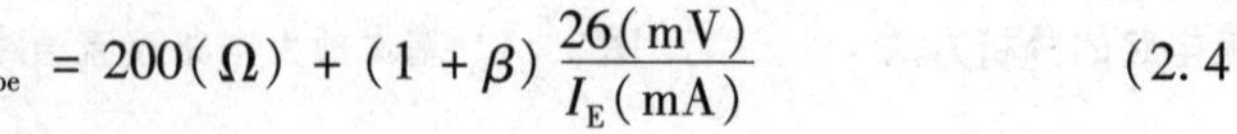

$$r_{be} = 200(\Omega) + (1 + \beta)\frac{26(\text{mV})}{I_E(\text{mA})} \tag{2.4}$$

微课：放大电路交流通路

r_{be}的数量级从几百欧到 1 kΩ。

a. 电压放大倍数：

$$\dot{A}_u = \frac{\dot{U}_O}{\dot{U}_i} = -\beta\frac{R'_L}{r_{be}} \tag{2.5}$$

$$R'_L = R_C \, /\!/ \, R_L \tag{2.6}$$

b. 输入电阻：

$$r_i = R_B // r_{be} \approx r_{be} \tag{2.7}$$

输入电阻值越大,要求信号源提供的信号电流越小,信号源的负担就越小。一般要求放大电路的输入电阻大些好。

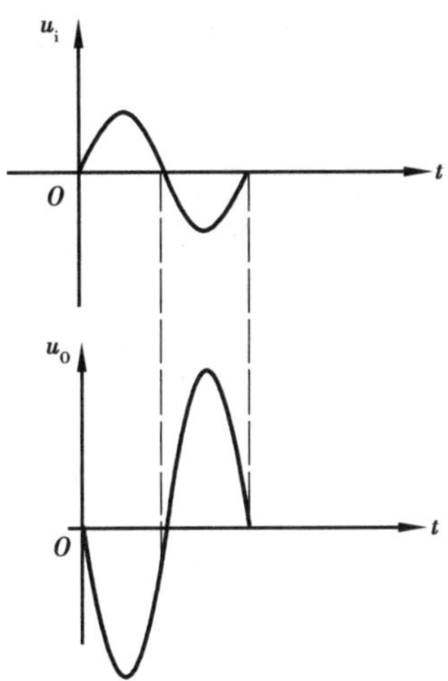

图 2.17　输出电压与输入电压之间的关系

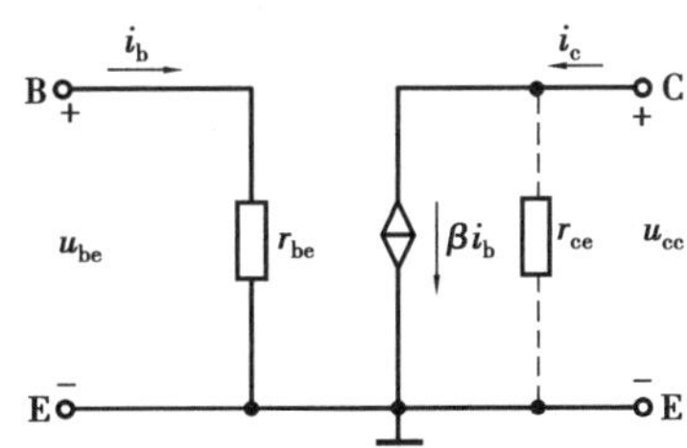

图 2.18　晶体三极管的微变等效电路

c. 输出电阻:

$$r_O = R_C \tag{2.8}$$

对于负载 R_L 而言,放大电路可视为具有内阻的信号源,该信号源的内阻即为放大电路的输出电阻。放大电路的输出电阻越小,它带负载能力就越强,输出电阻越小越好。

(4)非线性失真

基本放大电路非线性失真如图 2.19 所示。

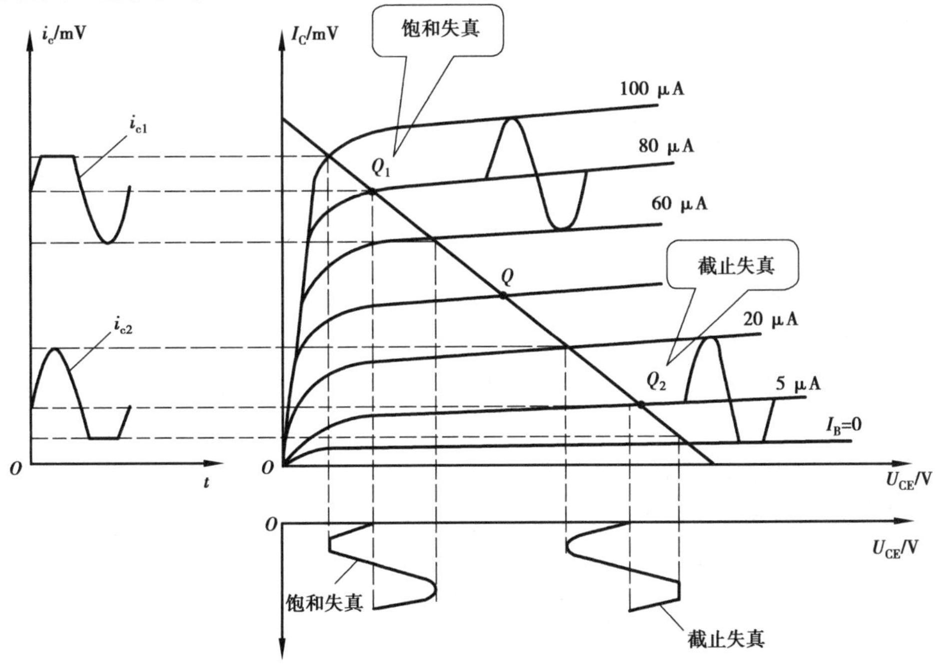

图 2.19　基本放大电路非线性失真图

消除失真的方法:调整基极电阻的阻值。增大基极电阻 R_B,消除饱和失真;减小基极电阻 R_B,消除截止失真。

(5)共发射极基本放大电路仿真图及测试数据

共发射极基本放大电路仿真电路图如图 2.20 所示,测试结果波形图如图 2.21 所示,静态工作点测试数据如图 2.22 所示。

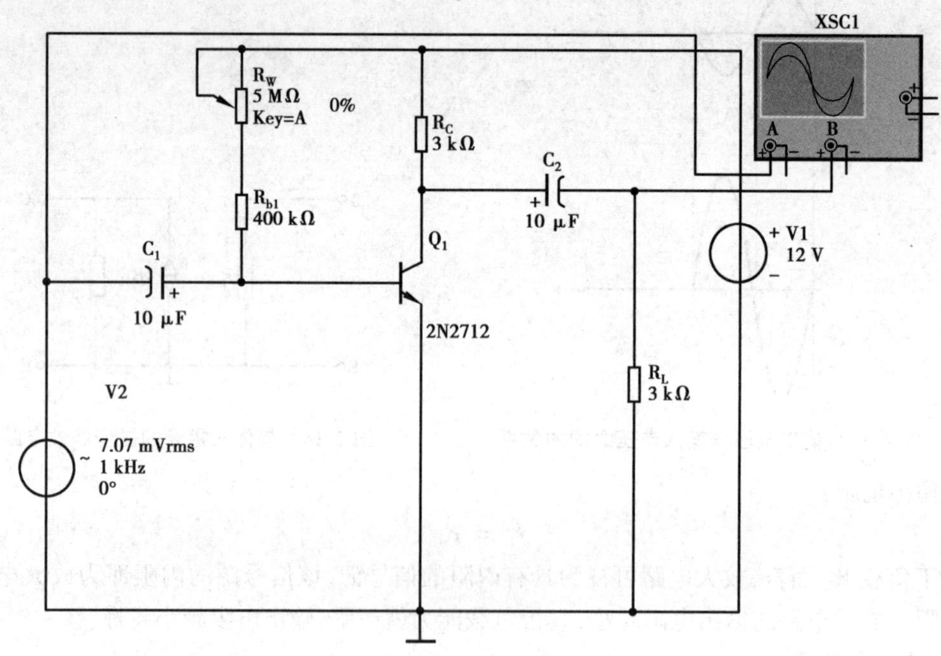

图 2.20　仿真电路图

【任务实施】

步骤一:复习。

①电子实训室安全操作规程学习。

②画出共发射极基本放大电路。

③写出静态工作点的计算公式。

④叙述输出电压 u_o 与输入电压 u_i 之间的关系。

步骤二:准备实验器材。

需准备的实验器材见表 2.10。

步骤三:认识并正确使用实验设备。

教师示范讲解,边讲边示范,学生认真观察,在教师的辅导下完成下述 5 项内容,把相关数据填入表 2.11。

①认识并正确使用实验台。

②正确使用信号发生器。

③正确使用双踪示波器。

④实验台正弦波信号源和示波器的连接测试。

⑤练习示波器的读数。

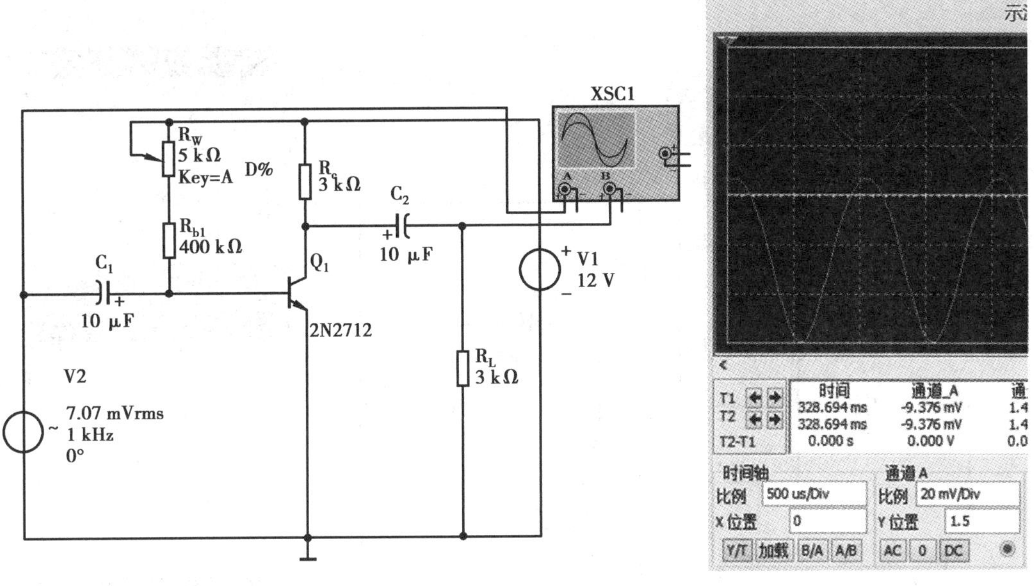

(a)

(b)

图 2.21　测试结果波形图

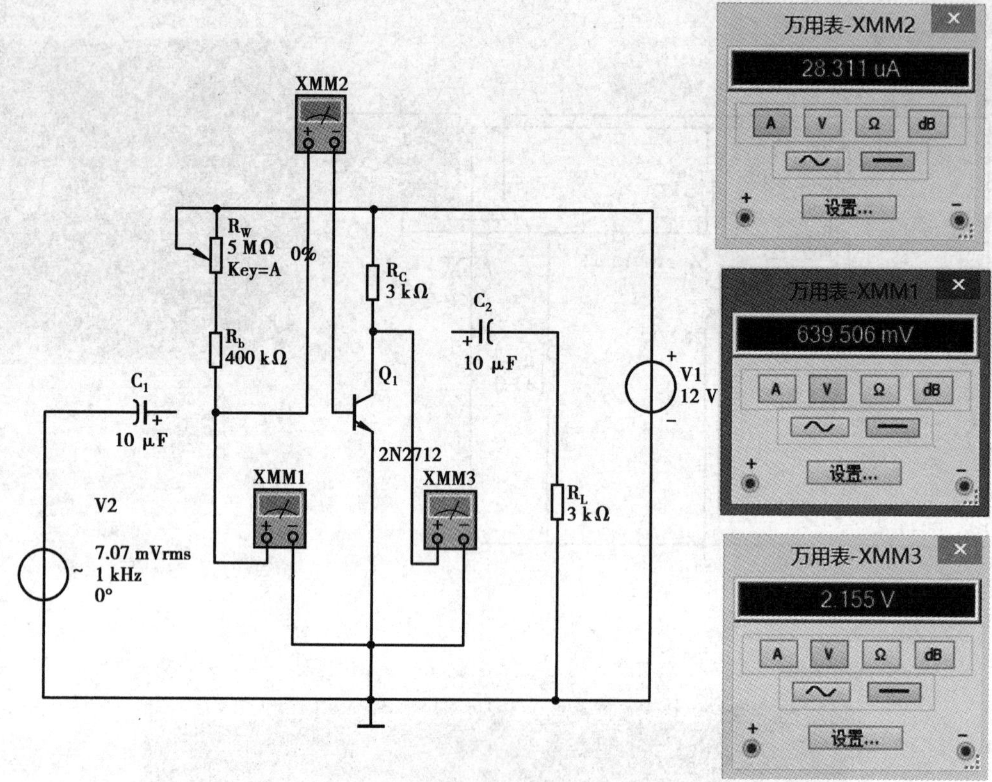

图 2.22　静态工作点测试数据

表 2.10　实验器材

序号	名称	规格	数量
1	模电实验箱		1 只
2	电子实训台		1 台
3	万用表	MF47	1 只
4	双踪示波器		1 台
5	计算机		1 台
6	连接导线		若干

表 2.11　信号源和示波器练习

序号	实训台正弦波信号源输电压有效值/mV	示波器显示电压波形图(要求标刻度)及读数
1		
2		
3		

步骤四:基本放大电路的测试。

①按照实验电路图在模电实验箱上正确搭接电路。

②在放大电路输入端接入频率为 1 kHz 的正弦波 u_i,同时把输入信号接到双踪示波器通道 1,调节正弦波幅度旋钮,用示波器观察输入电压幅度,使输入电压 u_i 峰峰值为 20 mV。

③把放大电路输出端 u_o 接到双踪示波器通道 2,调整 R_w,用示波器观察放大电路输出电压波形,直到波形不失真。

④用双踪示波器观察 u_o 和 u_i 的相位关系,正确读数并记录,完成表 2.12。

表 2.12　测试数据表

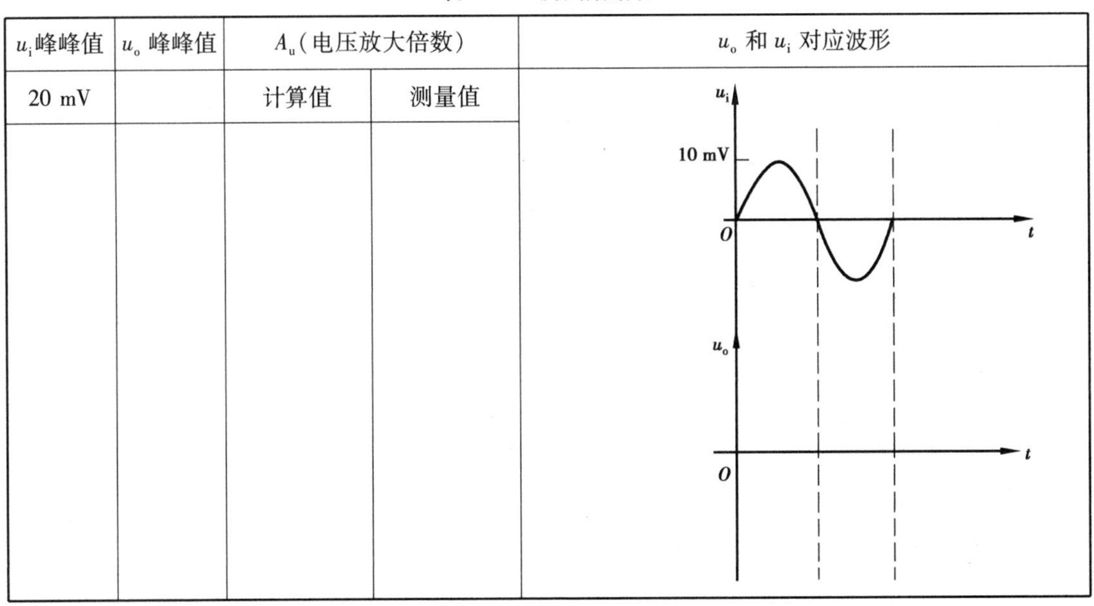

u_i峰峰值	u_o 峰峰值	A_u(电压放大倍数)		u_o 和 u_i 对应波形
20 mV		计算值	测量值	

应用拓展1——基本放大电路仿真。

①教师讲解 Multisim 仿真软件的用法。

②学生跟着教师学习 Multisim 仿真软件的用法。

③教师演示基本放大电路的仿真测试方法。

④学生在教师的辅导下完成基本放大电路仿真电路图的绘制。

⑤教师演示测试静态工作点的方法。

⑥学生在教师的辅导下完成基本放大电路静态工作点的测试。

⑦教师演示测试共发射极基本放大电路输入和输出关系的方法。

⑧学生在教师的辅导下完成基本放大电路输入电压和输出电压关系的测试。

备注:仿真测试见【任务准备】(5)基本放大电路仿真电路图及测试波形和测试数据。

应用拓展2——基本放大电路静态工作点计算。

共发射极基本放大电路如图2.23所示,已知 $U_{CC}=12$ V,$R_C=3$ kΩ,$R_B=300$ kΩ,$\beta=50$。用估算法计算静态工作点,计算结果填入表2.13。

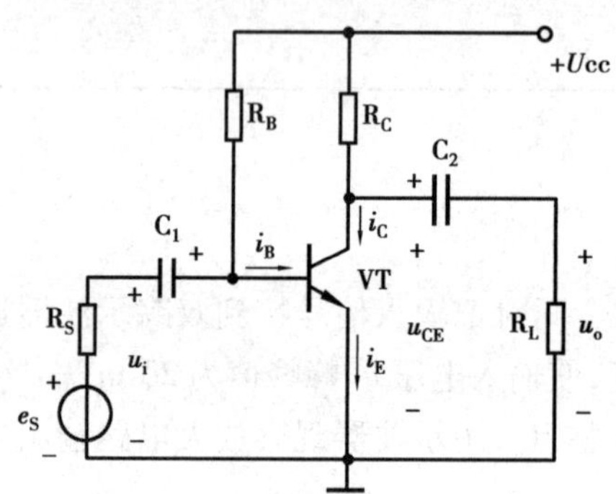

图2.23 共发射极基本放大电路

表2.13 静态工作点计算

序号	静态工作点	计算结果
1	U_{BE}	0.7 V
2	I_B	
3	I_C	
4	U_{CE}	

思考

①放大电路的实质是什么?

②基本放大电路的组成及元件的作用是什么?

③总结放大电路的分析方法。

④总结本次课程中遇到的问题及解决的方法。

【安全提示】

①请严格遵守实验室操作规程。

②按照实验室"7S"管理要求规范操作。

【注意】

在搭接电路和连接设备机实验箱接线时一定要断电操作。

知识链接

基本放大电路静态工作点的估算法举例。

已知 $U_{CC}=12\ \text{V}, R_C=4\ \text{k}\Omega, R_B=300\ \text{k}\Omega, \beta=37.5$。

$$I_B=\frac{U_{CC}-U_{BE}}{R_B}\approx\frac{U_{CC}}{R_B}$$

$$I_B\approx\frac{U_{CC}}{R_B}=\frac{12}{300}=0.04\ \text{mA}=40\ \mu\text{A}$$

$$I_C\approx\beta I_B=37.5\times0.04=1.5\ \text{mA}$$

$$U_{CE}=U_{CC}-I_CR_C=12-1.5\times4=6\ \text{V}$$

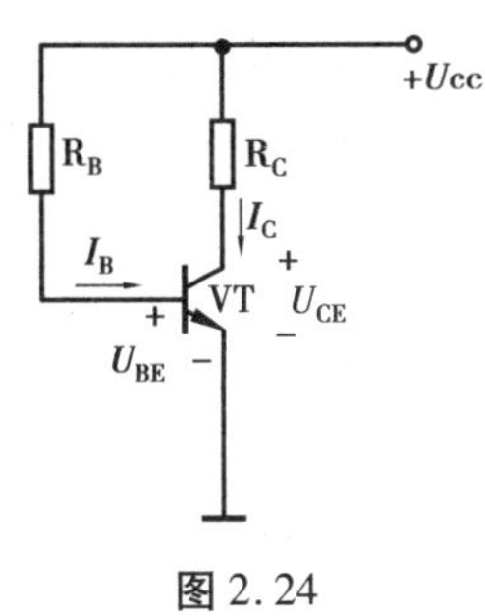

图 2.24

【阅读材料】

示波器介绍

示波器是用来观测交流电压或脉冲电压波形的仪器，由电子管放大器、扫描振荡器、阴极射线管等组成。除观测电压的波形外，还可以测定频率、电压大小等。凡可以变为电效应的周期性物理过程都可以用示波器进行观测。可以把示波器看成具有图形显示的电压表。

(1) 示波器面板结构的认识

DF4328 型示波器前面板如图 2.25 所示，后面板如图 2.26 所示。

数字示波器使用方法

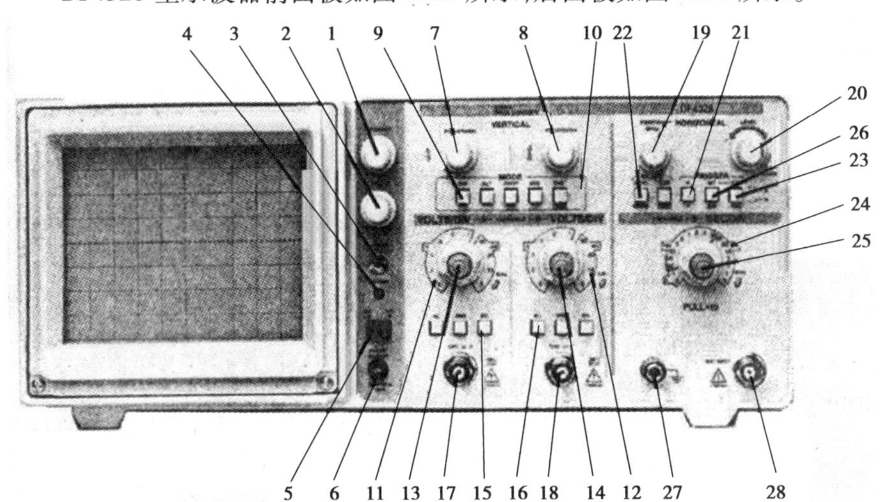

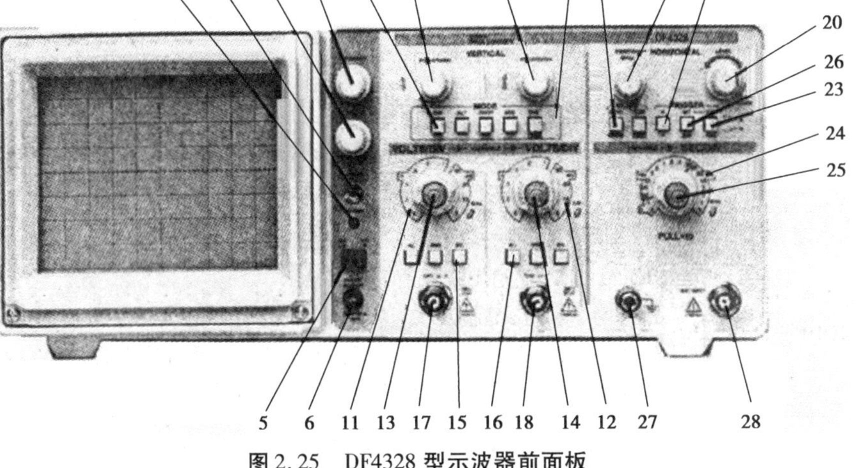
图 2.25　DF4328 型示波器前面板

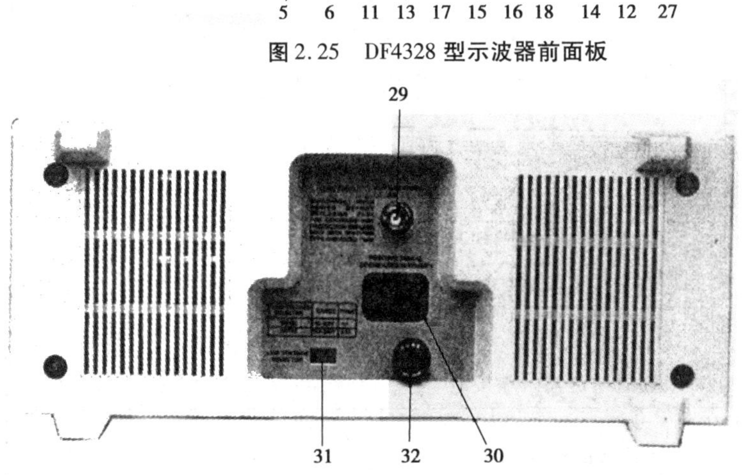

图 2.26　DF4328 型示波器后面板

(2)DF4328 双踪示波器旋钮、按键及功能

DF4328 双踪示波器的旋钮、按键及功能见表 2.14。

表 2.14　DF4328 双踪示波器的面板旋钮、按键及功能

序号	旋钮、按键名称	功　能
1	亮度调节旋钮 (INTENSITY)	控制荧光屏上光迹的明暗程度,顺时针方向旋转为增亮,光点停留在荧光屏上不动时,宜将亮度减弱或熄灭,以延长示波器使用寿命。顺时针方向旋转,亮度增强
2	聚集调节旋钮 (FOCUS)	用来调节光迹及波形的聚焦可使光点圆而小,使波形清晰
3	轨迹调节旋钮 (TRACE ROTATION)	调节轨迹与水平刻度线平行
4	电源指示灯 (POWER INDICATOR)	电源指示灯是一个发光二极管,电源接通时,指示灯亮
5	电源开关 (POWER)	电源开关用于接通和关断仪器的电源,按钮弹出即为”电源关闭”位置,按下为“电源接通”位置
6	校准信号 (PROBE ADJUST)	校准信号输出,示波器内部方波输出端口输出电压幅度为 0.5 VP-P,频率为 1 kHz 的方波信号。用于调整探头的补偿和检测垂直和水平电路的基本功能
7 8	垂直移位 (VERTICAL POSITION)	调节光迹在屏幕中的垂直位置。控制显示迹线在荧光屏上 *Y* 轴方向的位置,顺时针方向迹线向上移动,逆时针方向迹线向下移动
9	垂直工作方式选择 (VERTICAL MODE)	垂直通道的工作方式有以下几种选择: CH1 或 CH2:通道 1 或通道 2 单独显示 ALT:两个通道交替显示 CHOP:两个通道断续显示,用于在扫描速度较低时的双踪显示 ADD:用于显示两个通道的代数和(叠加显示)
10	*X-Y* 方式选择按钮	水平方式在“TIME”时,*X* 轴为扫描工作状态。按下“X-Y”时,*X* 轴从 CH1 输入信号,此方式可观察李沙育图形
11 12	灵敏度调节 (VOLTS/DIV)	CH1 和 CH2 通道灵敏度调节
13 14	灵敏度微调 (VARIABLE)	用于连续微调 CH1 和 CH2 的灵敏度
15 16	输入耦合方式 (AC-GND-DC)	DC 用于输入信号直接耦合到 CH1 或 CH2 通道 AC 用于输入信号交流耦合到 CH1 或 CH2 通道 GND 时通道输入端接地
17 18	CH1 OR X;CH2 OR Y	被测信号的输入端口

续表

序号	旋钮、按键名称	功　能
19	水平移位 (HORIZONTAL POSITION)	控制光迹在荧光屏 X 方向的位置,在 X-Y 方式用作水平位移。顺时针方向光迹向右,逆时针方向光迹向左
20	触发电平调节 (LEVEL)/锁定(LOCK)	用于调节被测信号在某一电平触发扫描。当顺时针调节电位器到底时,触发电平处于锁定状态,在该状态下可稳定观察任意频率的波形。 注意:一般在无被测信号加入时,触发电平不处在锁定状态
21	触发极性 (SLOPE)	用于选择信号上升沿或下降沿触发扫描
22	扫描方式选择 (SWEEP MODE)	扫描方式选择: 自动(AUTO):信号频率在 50 Hz 以上时常用的一种工作方式 常态(NORM):无触发信号时,屏幕中无轨迹显示,在被测信号频率较低时常用
23	内触发源选择 (INT TRIGGER SOURCE)	选择 CH1 或 CH2 的信号作为扫描触发源
24	扫描速度选择 (SEC/DIV)	用于选择扫描速度
25	微调、扩展调节 (VARIABLE PULL ×10)	用于连续调节扫描速度,在旋钮接出时,扫描速度被扩大 10 倍
26	触发源选择 (TRIGGER SOURCE)	用于选择产生触发的内、外源信号
27	接地 (⊥)	安全接地,可用于信号的连接
28	外触发输入 (EXT INPUT)	在选择外触发方式时触发信号插座
29	Z 轴输入连接器 (Z AXIS INPUT)	Z 轴输入端加入正信号时,辉度降低,加入负信号时,辉度增加,常态时的 5VP-P 的信号就能产生明显的调辉
30	电源插座	电源输入插座
31	电源设置	110 V 或 220 V 电源设置
32	保险丝座	电源保险丝座

【教学评价】

表 2.15　教学评价表

评价项目	项目评价内容	分值	自我评价	小组评价	教师评价	得分
实际操作技能	1. 共发射极基本放大电路的仿真测试	20				
	2. 在模拟电路实验箱正确搭接共发射极基本放大电路并测试	30				
理论知识	1. 写出共发射极基本放大电路静态工作点计算公式	10				
	2. 写出共发射极基本放大电路的动态指标	10				
	3. 简述消除非线性失真的方法	5				
安全文明操作	1. 实验设备的正确使用	5				
	2. 元器件的摆放及实训台的整理	5				
学习态度	1. 出勤情况	5				
	2. 实验室和课堂纪律	5				
	3. 团队协作精神	5				
总分(100 分)						

任务2.3　分压式偏置放大电路安装与测试

任务目标

1. 理解分压式偏置放大电路的组成和各元件的作用。
2. 了解分压式偏置放大电路的直流通路与交流通路。
3. 掌握静态指标的估算和理解动态参数的估算。
4. 正确搭接分压式偏置放大电路并完成测试。

微课：分压式偏置放大电路构成

【任务描述】

学习分压式偏置放大电路，搭接分压式偏置放大电路，完成分压式偏置放大电路仿真测试和模拟电路实验箱电路测试，调试分压式偏置放大电路静态工作点，观察其对放大电路性能的影响。

【任务准备】

(1)温度变化对静态工作点的影响

为了保证放大电路的稳定工作，必须有稳定的静态工作点。温度变化会影响三极管集电极电流。当温度升高时,集电极电流增大;当温度降低时,集电极电流减小。集电极电流的变化会影响放大电路的静态工作点,温度变化将影响放大电路的静态工作点稳定。温度升高对静态工作点的影响如图 2.27 所示。从图中可知,温度升高时,输出特性曲线上移,使 Q 点上移,动态工作范围减小,电压放大倍数下降,导致放大电路工作不稳定。

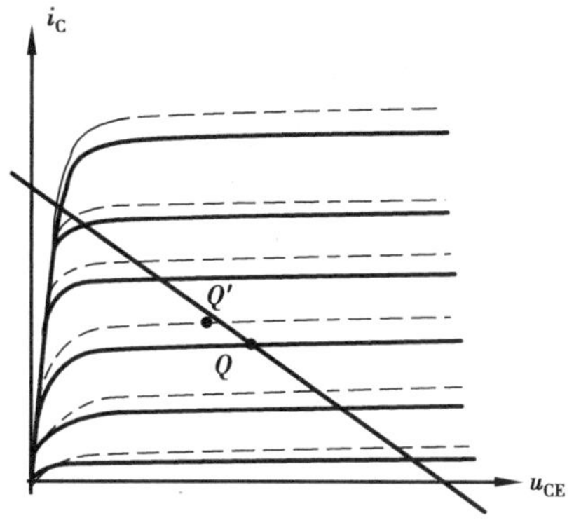

图 2.27　温度升高对静态工作点的影响

(2)分压式偏置放大电路组成及元件作用

1)电路组成

分压式偏置放大电路如图 2.28 所示。在基本放大电路中增加两个电阻,其作用是将 I_C 的变化引回到输入端,在保证基极电位 V_B 不变的条件下使 U_{BE} 下降,I_B 随之下降,从而保证 I_C 基本不变,即稳定了 Q 点。

2)稳定工作点原理

①分压式偏置放大电路直流通路如图 2.29 所示。利用 R_{B1} 和 R_{B2} 的分压作用固定基极电位 V_B。

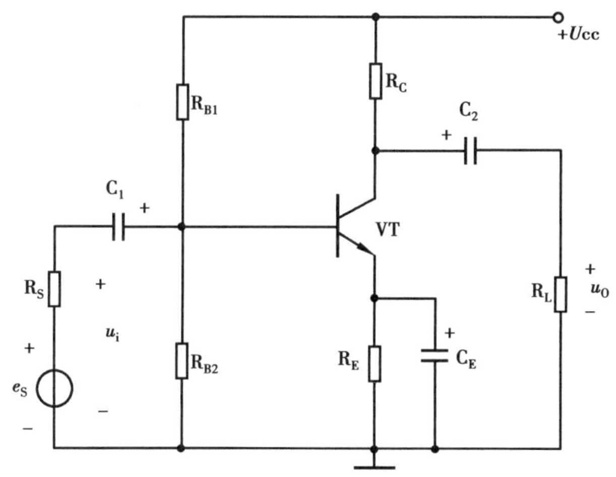

图 2.28　分压式偏置放大电路

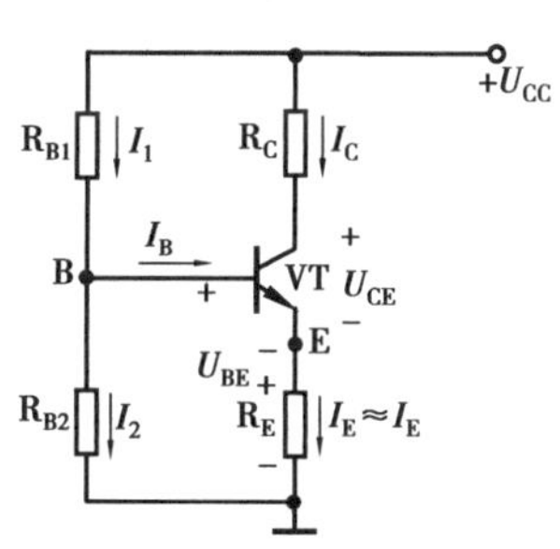

图 2.29　分压式偏置放大电路直流通路

设 $I_2 \gg I_B$,即 $I_2 \approx I_1$,则有

$$V_B \approx \frac{R_{B2}}{R_{B1}+R_{B2}} U_{CC} \tag{2.9}$$

从式(2.9)可知,V_B 不受温度影响。

设 $V_B \gg U_{BE}$,即 $V_E \approx V_B$,则有

$$I_C \approx I_E = \frac{V_E}{R_E} \approx \frac{V_B}{R_E} \tag{2.10}$$

从式(2.10)可知,I_C 不受温度影响。

②本电路稳定的过程实际上是 R_E 形成的负反馈过程,利用发射极电阻 R_E 产生反映 I_C 变化的 V_E,再引回到输入回路去控制 U_{BE},实现 I_C 基本不变。为了保证电压放大倍数不变,电阻

R_E 并联旁路电容 C_E。工作点稳定过程如下：$T\uparrow \rightarrow I_C\uparrow \rightarrow I_E\uparrow \rightarrow V_E\uparrow \rightarrow U_{BE}\downarrow \rightarrow I_B\downarrow \rightarrow I_C\downarrow$。

(3)静态工作点的计算

根据分压式偏置放大电路直流通路估算其静态工作点如下：

$$V_B \approx \frac{R_{B2}}{R_{B1}+R_{B2}}U_{CC} \tag{2.11}$$

$$V_E = V_B - U_{BE} \tag{2.12}$$

$$I_C \approx I_E = \frac{V_E}{R_E} \tag{2.13}$$

$$I_B = \frac{I_C}{\beta} \tag{2.14}$$

$$U_{CE} = U_{CC} - I_C(R_C + R_E) \tag{2.15}$$

(4)动态分析

1)输出电压 u_o 与输入电压 u_i 之间的关系

输出电压 u_o 与输入电压 u_i 之间的关系如图 2.30 所示。

从图中可知，输出电压与输入电压之间的关系如下：

①幅度变大。

②频率相同。

③相位相反。

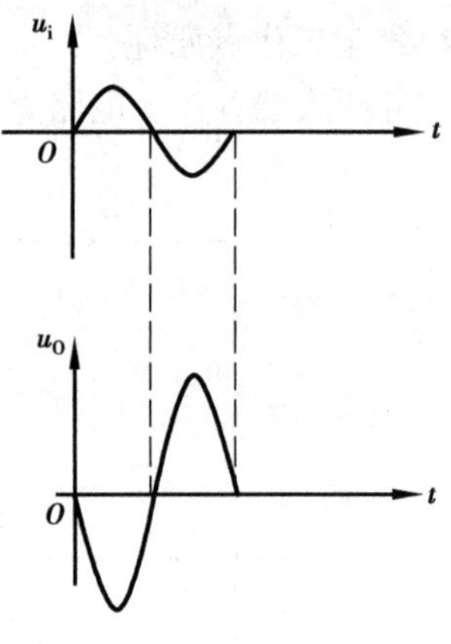

图 2.30　输出电压与输入电压之间的关系

2)动态指标

分压式偏置放大电路的微变等效电路如图 2.31 所示。根据微变等效电路求动态指标如下：

对小功率晶体管：

晶体管的输入电阻 r_{be}：

$$r_{be} = 200(\Omega) + (1+\beta)\frac{26(\text{mA})}{I_E(\text{mA})} \tag{2.16}$$

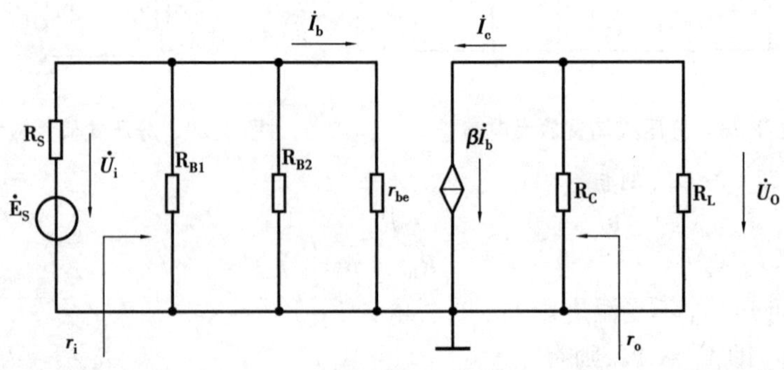

图 2.31　晶体三极管的微变等效电路

r_{be}的数量级从几百欧到 1 kΩ。

①电压放大倍数：

$$\dot{A}_u = \frac{\dot{U}_O}{\dot{U}_i} = -\beta \frac{R'_L}{r_{be}} \tag{2.17}$$

$$R'_L = R_C \,/\!/\, R_L \tag{2.18}$$

②输入电阻和输出电阻：

$$r_i = R_{B1} \,/\!/\, R_{B2} \,/\!/\, r_{be} \tag{2.19}$$

$$r_O = R_C \tag{2.20}$$

对比基本放大电路的动态指标，可以看出分压式偏置放大电路既稳定了静态工作点，又保证了放大电路的稳定性。

(5)分压式偏置放大电路仿真测试图

分压式偏置放大电路仿真电路图如图2.32所示，测试结果波形图如图2.33所示，输入幅度过大引起的失真波形如图2.34所示。

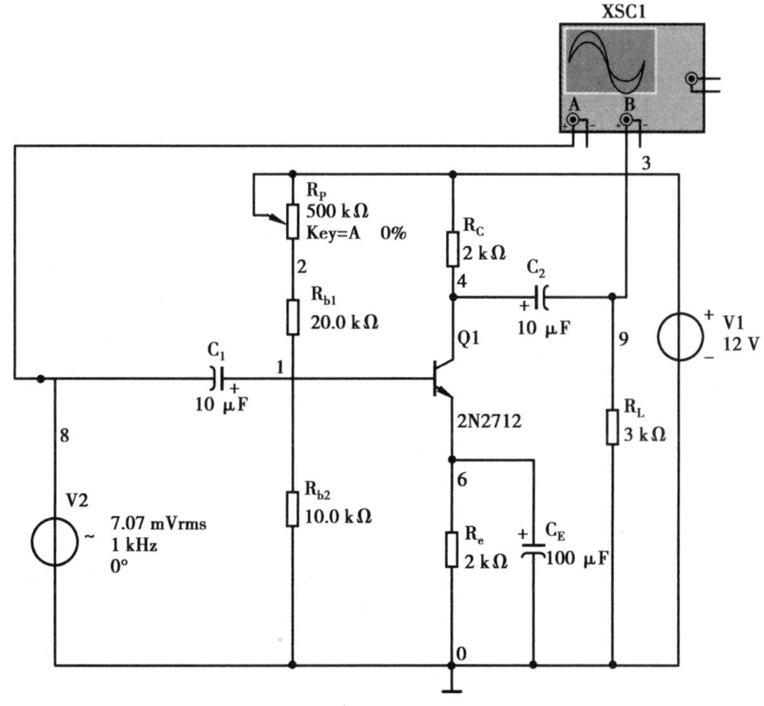

图2.32　仿真电路图

【任务实施】

分压式偏置放大电路实验

步骤一：复习。

①电子实训室安全操作规程学习。

②画出分压式偏置放大电路。

③写出静态工作点的计算公式。

④叙述输出电压 u_o 与输入电压 u_i 之间的关系。

步骤二：准备实验器材。

需准备的实验器材见表2.16。

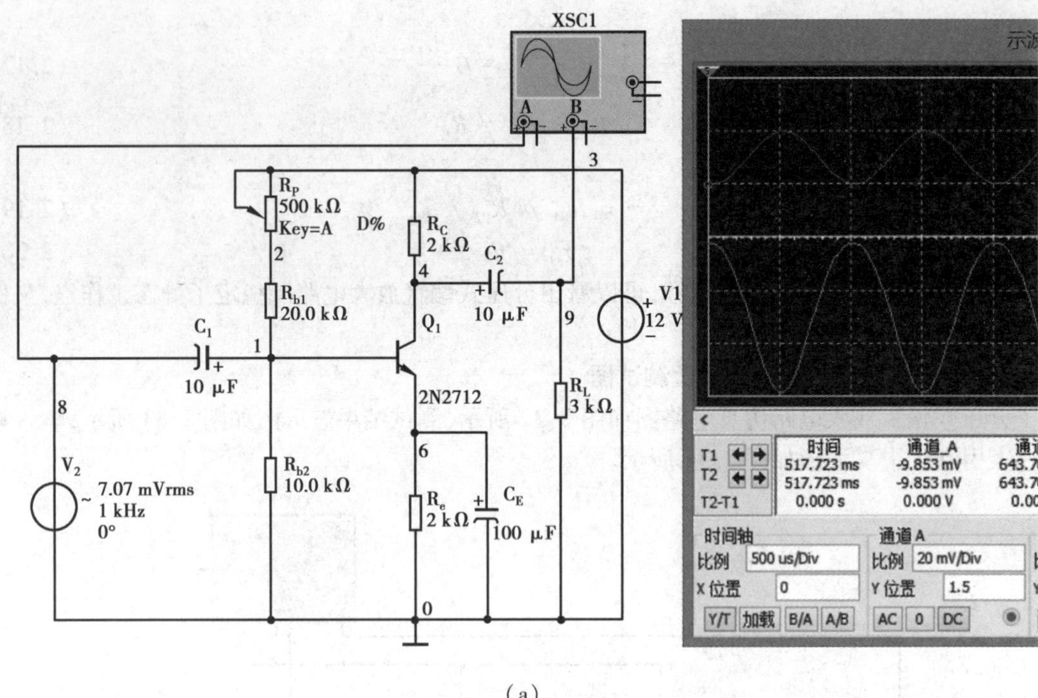

(a)

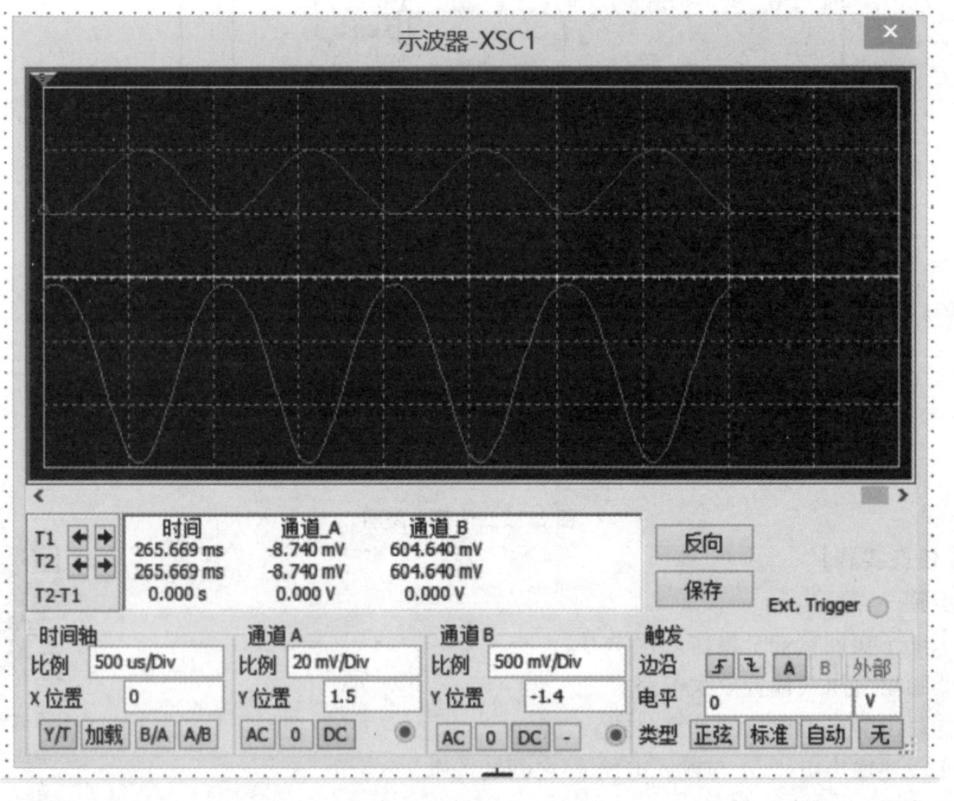

(b)

图 2.33　测试结果波形图

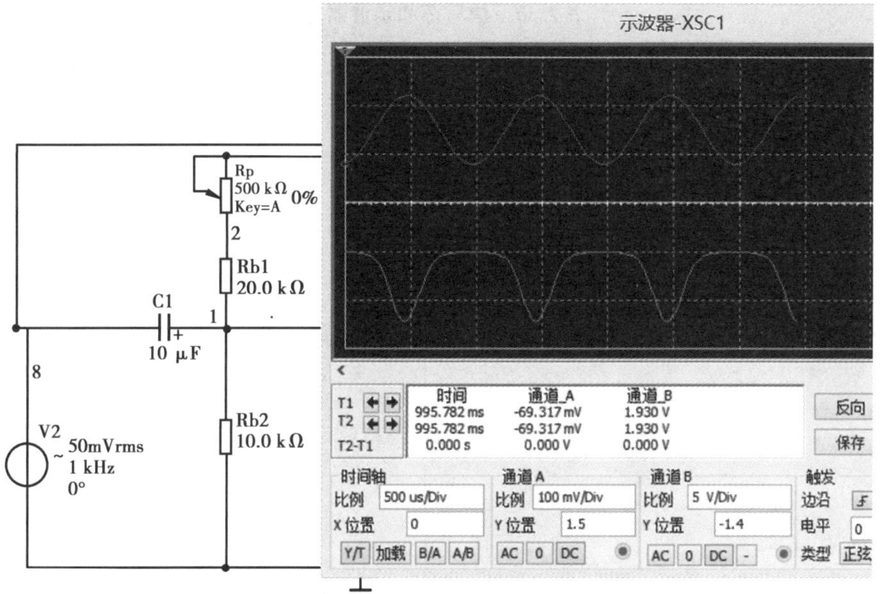

图 2.34　输入幅度过大引起的失真波形图

表 2.16　实验器材

序号	名称	规格	数量
1	模电实验箱		1 只
2	电子实训台		1 台
3	万用表	MF47	1 只
4	双踪示波器		1 台
5	计算机		1 台
6	连接导线		若干

步骤三:复习使用实验设备。

教师讲解,边讲边示范,学生复习,学生在教师的辅导下完成下述 5 项内容,把相关数据填入表 2.17。

①正确使用实训台。

②正确使用信号发生器。

③正确使用双踪示波器。

④实验台正弦波信号源和示波器的连接测试。

⑤练习示波器的读数。

表 2.17　信号源和示波器练习

序号	实训台正弦波信号源输电压有效值/mv	示波器显示电压波形图(要求标刻度)及读数
1		
2		
3		

步骤四:分压式偏置放大电路的测试。

①按照实验电路图在模拟电路实验箱上正确搭接电路。

②在放大电路输入端接入频率为 1 kHz 的正弦波 u_i,同时把输入信号接到双踪示波器通道 1,调节正弦波幅度旋钮,用示波器观察输入电压幅度,使输入电压 u_i 峰峰值为 20 mV。

③把放大电路输出端 u_o 接到双踪示波器通道 2,调整 R_W,用示波器观察放大电路输出电压波形,直到波形不失真。

④用双踪示波器观察 u_o 和 u_i 的相位关系,正确读数并记录,完成表 2.18。

表 2.18　测试数据表

u_i峰峰值	u_o 峰峰值	A_u(电压放大倍数)		u_o 和 u_i 对应波形
20 mV		计算值	测量值	u_i 10 mV O t u_o O t
结论 1: 结论 2:				

⑤调整 R_w，慢慢到最大，再慢慢到最小，注意速度不要太快，观察示波器通道 2 输出电压 u_o 波形的变化，把 R_W 对输出电压 u_o 的影响填入表 2.18 的结论 1。

⑥调整信号源正弦波幅度旋钮，增大输入电压 u_i 的幅度，注意速度不要太快，观察示波器通道 2 输出电压 u_o 波形的变化，把 u_i 幅度对输出电压 u_o 的影响填入表 2.18 的结论 2。

⑦调节正弦波幅度旋钮，用示波器观察输入电压 u_i 幅度，使输入电压 u_i 峰峰值恢复为 20 mV。

⑧调整 R_w，用示波器观察放大电路输出电压 u_o 波形，直到波形不失真。

⑨将信号源正弦波幅度旋钮旋至零，测试此时的静态工作点，用万用表直流电压挡测试 U_B、U_C、U_E、U_{BE}、U_{CE}，记录并完成表 2.19。

表 2.19　静态测量数据表

测量值					计算值		
U_B/V	U_C/V	U_E/V	U_{BE}/V	U_{CE}/V	I_C/mA	U_{BE}/V	U_{CE}/V

应用拓展 1——分压式偏置放大电路仿真测试。

①学生跟着教师复习 Multisim 仿真软件的用法。

②教师演示分压式偏置放大电路的仿真测试方法。

③学生在教师的辅导下完成分压式偏置放大电路仿真电路图的绘制。

④教师演示测试静态工作点的方法。

⑤学生在教师的辅导下完成分压式偏置放大电路静态工作点的测试。

⑥教师演示测试分压式偏置放大电路输入电压和输出电压关系的方法。

⑦学生在教师的辅导下完成分压式偏置放大电路输入电压和输出电压关系的测试。

⑧教师演示输入电压幅度过大造成的输出电压失真现象。

⑨学生在教师的辅导下完成上述输出电压失真现象并总结。

备注：仿真测试见【任务准备】(5) 分压式偏置放大电路仿真测试图。

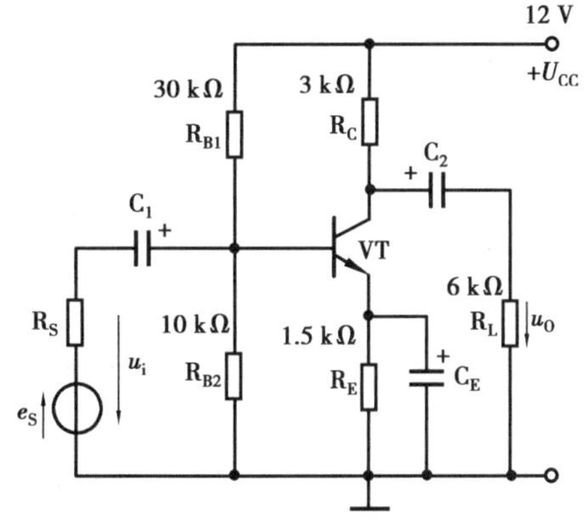

图 2.35　分压式偏置放大电路

应用拓展 2——分压式偏置放大电路静态工作点计算。

分压式偏置放大电路如图 2.35 所示，已知 $\beta=50$。用估算法计算静态工作点，并将计算结果填入表 2.20。

表 2.20　分压式偏置放大电路静态工作点计算

序号	静态工作点	计算结果
1	U_{BE}	0.6 V
2	V_B	
3	V_E	
4	I_E	
5	I_C	
6	I_B	
7	U_{CE}	

思考

①分压式偏置放大电路是如何稳定静态工作点的？

②总结分压式偏置放大电路静态工作点和动态指标的计算方法。

③总结本次课程中遇到的问题及解决的方法。

【安全提示】

①请严格遵守实验室操作规程。

②按照实验室"7S"管理要求规范操作。

【注意】

在搭接电路和连接设备及实验箱接线时一定要断电操作。

知识链接

分压式偏置放大电路静态工作点的估算法举例。

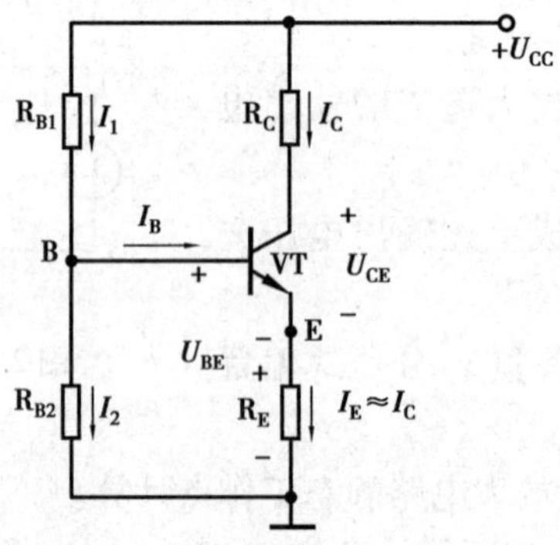

图 2.36　分压式偏置放大电路

已经 $U_{CC}=12\ \text{V}$，$R_C=3\ \text{k}\Omega$，$R_{B1}=30\ \text{k}\Omega$，$R_{B2}=10\ \text{k}\Omega$，$\beta=46$，$R_E=1.5\ \text{k}\Omega$。

$$V_B \approx \frac{R_{B1}}{R_{B1}+R_{B2}}U_{CC} = \frac{10}{30+10} \times 12 = 3\ \text{V}$$

$$V_E = V_B - U_{BE} = 3 - 0.6 = 2.4\ \text{V}$$

$$I_C \approx I_E = \frac{V_E}{R_E} = \frac{2.4}{2.5} = 1.6\ \text{mA} \qquad I_B = \frac{I_C}{\beta} = \frac{1.6}{46} = 35\ \mu\text{A}$$

$$U_{CE} = U_{CC} - I_C(R_C + R_E) = 12 - 1.6 \times 4.5 = 4.8\ \text{V}$$

【阅读材料】

低频信号发生器及使用介绍

以 EM1634 低频信号发生器(以下简称“信号发生器”)为例,介绍低频信号发生器的使用。这种仪器是一种精密的测量仪器,它可以连续地输出正弦波、矩形波、脉冲波、锯齿波和三角波 5 种波形,它的频率和幅度均可连续调节。

该信号发生器产生频率范围宽,最高可达 5 MHz,具有直流电平调节、占空比调节、VCF 功能、具有 TTL 电平、单次脉冲输出、频率显示度盘,具有优良的幅频特性。

(1)信号发生器面板结构的认识

EM1634 信号发生器面板如图 2.37 所示。

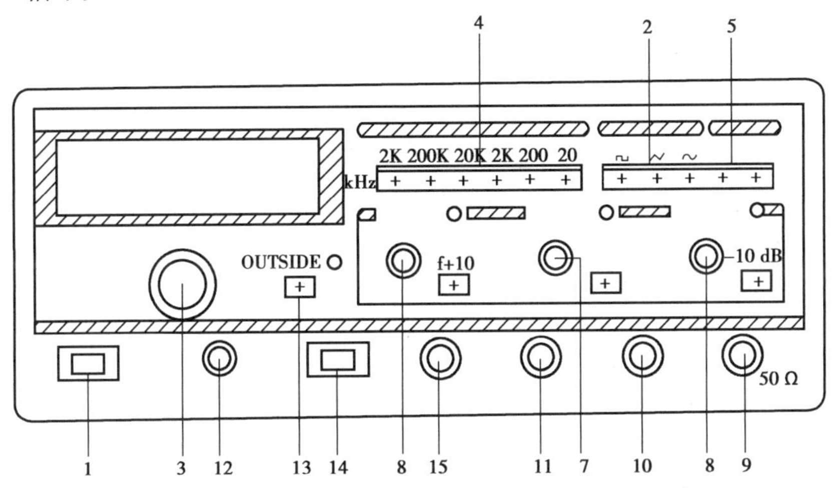

图 2.37　EM1634 信号发生器面板

(2)信号发生器面板旋钮、按键及其功能

EM1634 信号发生器的面板旋钮、按钮及功能见表 2.21。

表 2.21　EM1634 信号发生器的面板旋钮、按钮及功能

序号	旋钮、按键名称	功　能
1	电源开关(POWER)	按下开启信号发生器电源
2	功能开关(FUNCTION)	选择输出波形的类型 ～:正弦波 N:三角波和锯齿波(具有占空比可变) Ω:矩形波和脉冲波(具有占空比可变)

续表

序号	旋钮、按键名称	功 能
3	频率微调(FREQVAR)	频率覆盖范围 10 倍
4	分挡开关(RANGE-Hz)	10 Hz ~ 2 MHz,分为 6 挡选择
5	衰减按钮(ATT)	开关按入时 20 dB 的衰减、40 dB 的衰减
6	幅度调节旋钮(AMPLITUDE)	幅度连续可调
7	直流偏移调节按钮(DC OFF SET)	当开关拉出时,直流电平为 -10 ~ +10 V 连续可调; 当开关按下时,直流电平为零
8	占空比调节按钮(RAMP/PULSE)	当开关拉出时,占空比在 10% ~90% 内连续可调; 当开关按下时,占空比为 50%。 频率指示值 ÷ 10
9	输出端(OUTPUT)	波形输出端
10	TTL 电平按钮(TTLOUT)	只有 TTL 电平输出,幅度 3.5VP-P
11	控制电压输入端(VCF)	把控制电压从 VCF 端输入,则输出信号频率将随输入电压值而变化
12	外测频率输入端(IN PUT)	外测频率输入端
13	测频方式按钮(OUTSIDE)	测频率方式选择
14	单次脉冲开关(SPSS)	单次脉冲开关
15	单次脉冲输出端(OUT SPSS)	单次脉冲输出端

(3)低频信号发生器的使用

①开机:插入 220 V 交流电源线后,按下电源开关,整机开始通电。

②按下所需选择波形的功能开关。

③当需要脉冲波和锯齿波时,拉出并转动 VAR RAMP/PUL SE 开关,调节占空比,此时频率显示值 ÷ 10,其他状态关掉。

④当需要小信号输出时,按下衰减按钮。

⑤调节幅度旋钮至需要的输出幅度。

⑥调节直流电平偏移至需要设置的电平值,其他状态时关掉,直流电平将为零。

⑦当需要 TTL 信号时,从脉冲输出端输出,此电平将不随功能开关改变。

⑧VCF:把控制电压从 VCF 端输入,则输出信号频率将随输入电压值而变化。

(4)注意事项

①把仪器接入 AC 电源之前,应检查 AC 电源是否和仪器所需的电源电压相适应。

②仪器需预热 10 min 后方可使用。

③请不要将大于 10 V(DC + AC)的电压加至输出端和脉冲端。

④请不要将超过 10 V 的电压加至 VCF 端。

【教学评价】

表 2.22　教学评论表

评价项目	项目评价内容	分值	自我评价	小组评价	教师评价	得分
实际操作技能	1. 分压式偏置放大电路仿真测试	20				
	2. 在模拟电路实验箱正确搭接分压式偏置放大电路并测试	30				
理论知识	1. 写出分压式偏置放大电路静态工作点计算公式	10				
	2. 写出分压式偏置放大电路动态指标	10				
	3. 简述稳定静态工作点原理	5				
安全文明操作	1. 实验设备的正确使用	5				
	2. 元器件的摆放及实训台的整理	5				
学习态度	1. 出勤情况	5				
	2. 实验室和课堂纪律	5				
	3. 团队协作精神	5				
总分(100 分)						

任务 2.4　集成运算放大电路

任务目标

1. 了解差动放大电路的组成和功能。
2. 熟悉集成运算放大电路的组成和符号。
3. 了解集成运算放大电路的分类和主要参数。
4. 掌握集成运算放大电路的分析依据。
5. 掌握比例及求和运算电路的分析方法和典型应用。

【任务描述】

学习集成运算放大电路的基本知识,能够对集成运算电路的典型电路进行分析并计算主要电路参数。

【任务准备】

(1)集成运算放大电路的组成

运算放大器:运算放大器是由许多晶体管组成的集成电路。早期主要用于放大信号,完成信号的加法、积分、微分等数学运算,因而被称为运算放大器。集成运放大器是一种高增益直流放大器，既能放大变化极其缓慢的直流信号，下限频率可到零；又能放大交流信号，上限频率与普通放大器一样，受限于电路中的电容或电感等电抗性元器件。集成运放和外部反馈网络相配置后，能够在它的输出和输入之间建立起种种特定的函数关系，故而称它为“运算”放大器。集成运算放大电路的基本组成如图 2.38 所示，它由输入级、中间级、输出级和偏置电路四个部分组成。

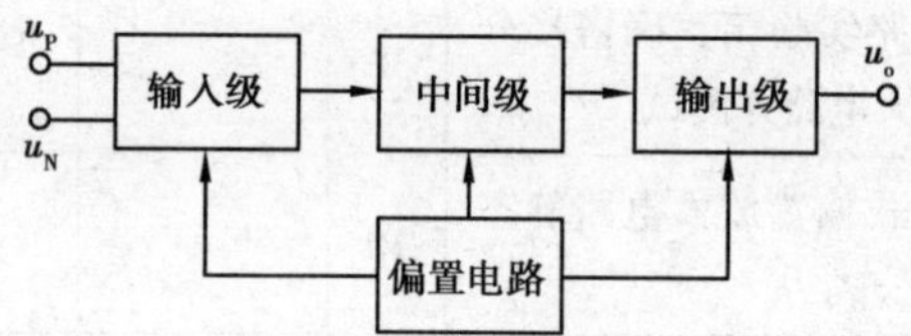

图 2.38　集成运算放大电路的基本组成框图

①输入级：是前置级，多采用具有恒流源的差动放大电路，要求输入电阻大、差模增益大，共模增益小、输入端耐压高。

②中间级：是放大级，主要采用共射极放大电路，要求有足够的放大能力。

③输出级：是功率级，要求输出足够的电流以满足负载的需要，同时还要有较低的输出电阻和较高的输入电阻，以起到将放大级和负载隔离的作用。

④偏置电路：其作用是为各级放大电路设置合适的静态工作点，一般由恒流源电路组成。

(2) 集成运算放大器的符号

集成运算放大器的内部电路随型号不同而不同，但基本符号相同，如图 2.39 所示。集成运算放大器有两个输入端，u_- 为反向输入端，由此端输入信号，输出信号与输入信号反向；u_+ 为同向输入端，由此端输入信号，输出信号与输入信号反向。u_o为输出端。除了有输入端和输出端外，还有正负电源输入端。741 系列集成运算放大电路为通用型放大器，如国外型号 μA741、LM741，国产型号 F007。

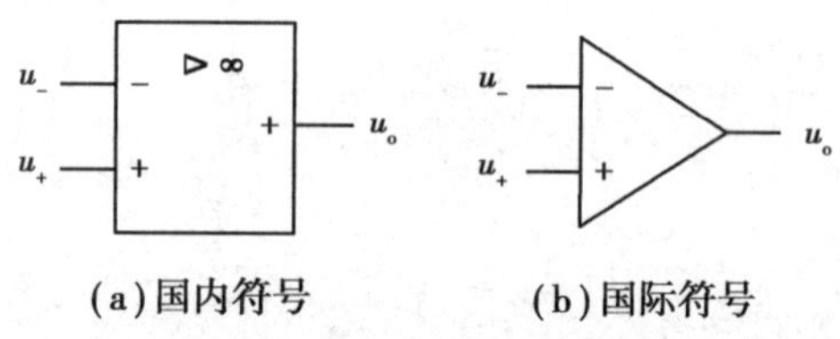

图 2.39　集成运算放大器的符号

常用集成运算放大器 μA741 的芯片外形如图 2.40 所示，芯片管脚如图 2.41 所示。图 2.41中，管脚 1 和 5 为调零输入端，管脚 2 为反向输入端，管脚 3 为同相输入端，管脚 6 为输出端，管脚 4 为 −DC12 V 电源输入端，管脚 7 为 +DC12 V 电源输入端，管脚 8 为空脚。

图 2.40　μA741 外形图

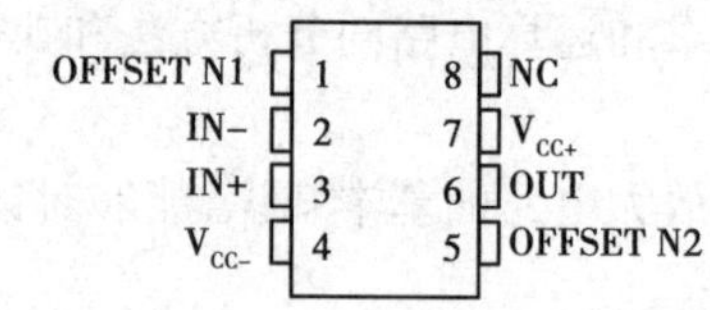

图 2.41　μA741 管脚图

(3) 理想集成运算放大器及主要参数

1) 主要参数

①开环差模电压放大倍数 A_{ud}。集成运算放大器在开环时，无外加反馈时，输出电压与输

入差模信号电压之比称为开环差模电压放大倍数 A_{ud}。A_{ud}越高，运算放大电路的精度越高，性能越稳定。

②输入偏置电流 I_B。I_B是当输出电压为 0 时，流入集成运算放大电路两个输入端的静态基极电流 $I_B=(I_{B1}+I_{B2})/2$，I_B越小越好，一般为 1 ~ 100 μA。

③共模抑制比 K_{CMR}。共模抑制比用 K_{CMR}表示，是差模电压放大倍数和共模电压放大倍数之比，越大越好。

④差模输入电阻 r_{id}。r_{id}是指开环时，输入电压变化量与它引起的输入电流变化量之比，即从输入端看进去的动态电阻。

⑤开环输出电阻 r_o。r_o指的是集成运算放大电路开环时，从输出端向里看进去的等效电阻，其值越小，说明集成运算放大电路带负载的能力就越强。

2）理想集成运算放大器

满足下列条件的运算放大器称为理想集成运算放大器：

①开环差模电压放大倍数 $A_{ud}\to\infty$；

②差模输入电阻 $r_{id}\to\infty$；

③输出电阻 $r_o\to0$；

④共模抑制比 $K_{CMR}\to\infty$；

⑤输入偏置电流 $I_{B1}=I_{B2}=0$；

⑥失调电压、失调电流及温漂为 0。

由于集成运算放大器将接近于理想运算放大器，所以在分析运算放大电路时，若无特别说明均按理想运算放大器对待。

3）集成运算放大器的电压传输特性

在反相端和同相端之间加电压 u_i，可得输出 u_o和输入 u_i之间的电压传输特性曲线，如图 2.42 所示。

线性区：$u_o=-A_{ud}u_i$

非线性区：$u_o=\pm U_{OM}$

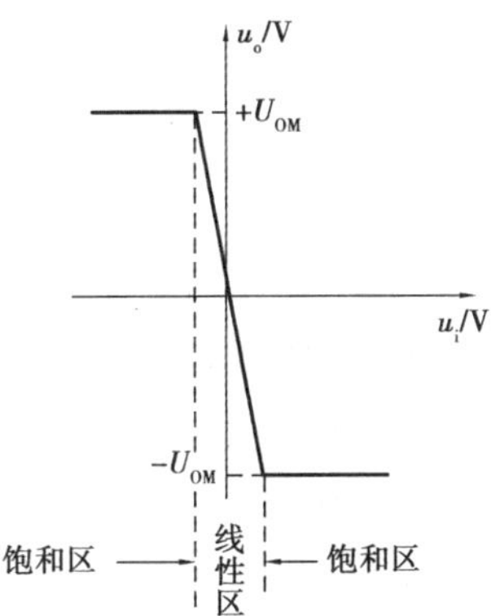

图 2.42　集成运算放大电路的开环传输特性曲线

4）集成运算放大器的线性应用分析依据

①虚短。虚短是指集成运算放大器的同相输入端和反相输入端的电位相等，即

$$u_+=u_- \tag{2.21}$$

因为集成运算放大器工作在线性范围内时，$u_i=u_+-u_-=u_o/A_{ud}$，由于理想集成运算放大电路 $A_{ud}\to\infty$，所以 $u_i=u_+-u_-=0$，即 $u_+=u_-$。两个输入端之间相当于短路，但又不是真正的短路，因此称为“虚短”。

②虚断。虚断是指集成运算放大器的同相输入端和反相输入端的输入电流为 0，即

$$i_+=i_- \tag{2.22}$$

因为理想集成运算放大电路的 $r_{id}\to\infty$，所以同相输入端和反相输入端的输入电流为 0，即 $i_+=i_-=0$。两个输入端之间相当于断路，但又没有真正断开，因此称为“虚断”。

③虚地。虚地是指当同相输入端接地时，$u_+=0$，$u_+=u_-=0$，即反相输入端也相当于接地，可实际上没有接地，因此称为“虚地”。

(4)集成运算放大器的基本运算电路

集成运算放大电路工作在线性区时,可以完成比例、加法、减法及乘除法等运算。本书介绍反相比例、同相比例、加法及减法运算电路。

1)反相比例运算电路

反相比例运算电路如图 2.43 所示,输入信号 u_i经过电阻 R_1接到反相输入端,同相输入端经过电阻 R_2接地,为了使集成运算放大电路工作在线性区,输出电压 u_o经反馈电阻 R_F反馈到反相输入端,形成负反馈。

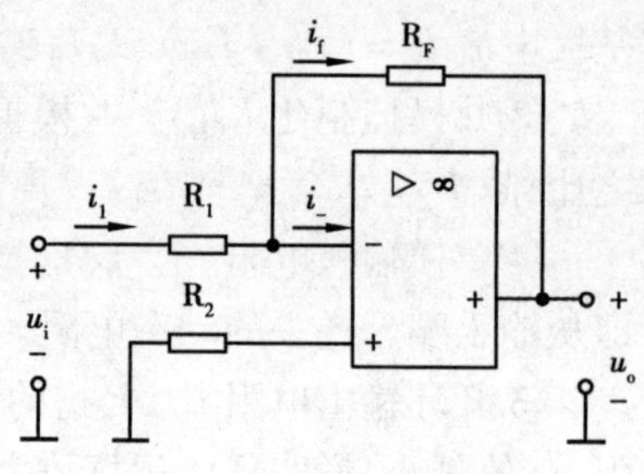

图 2.43　反相比例运算电路

利用虚短、虚断和虚地的概念分析:

根据基尔霍夫电流定律:$i_1 = i_- + i_f$,由虚断可知 $i_- = 0$,则 $i_1 = i_f$。

由图 2.43 可得 $i_1 = \frac{u_i - u_-}{R_1}$、$i_f = \frac{u_- - u_o}{R_F}$,由虚短可知 $u_+ = u_- = 0$。

由$i_1 = \frac{u_i}{R_1}, i_f = \frac{-u_o}{R_F}, \frac{u_i}{R_1} = -\frac{u_o}{R_F}$,得

$$u_o = -\frac{R_F}{R_1} u_i \tag{2.23}$$

可见输出电压与输入电压成比例关系,负号表示二者极性相反,所以图 2.43 所示电路被称为反相比例运算电路。所得到的闭环电压放大倍数

$$A_{uf} = \frac{u_o}{u_i} = -\frac{R_F}{R_1} \tag{2.24}$$

R_2为静态平衡电阻,为了使集成运算放大电路的两个输入端在静态时处于对称的平衡状态,应使两个输入端的对地电阻相等。所以

$$R_2 = R_1 // R_F \tag{2.25}$$

当反相比例运算电路中的 $R_1 = R_F$时,$A_{uf} = -1$,说明 u_o与 u_i大小相等、极性相反,此时的反相比例运算电路又称为反相器。

2)同相比例运算电路

同相比例运算电路如图 2.44 所示,输入信号 u_i经过电阻 R_2接到同相输入端,反相输入端经 R_1接地,为了使集成运算放大电路工作在线性区,输出电压 u_o经反馈电阻 R_F反馈到反相输入端,形成负反馈。

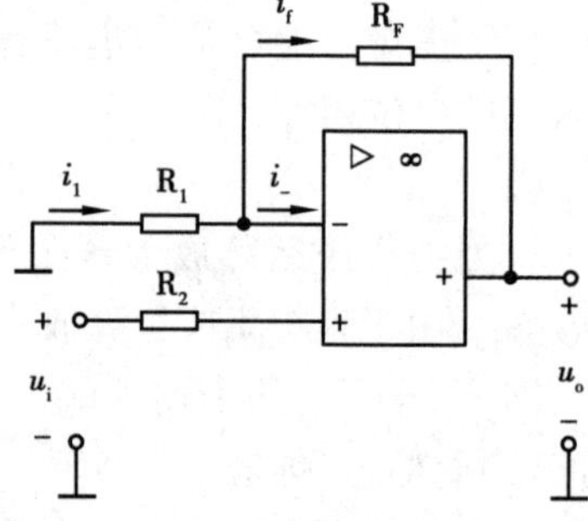

图 2.44　同相比例运算电路

由虚短、虚断可知 $i_- = 0$,则 $i_1 = i_f$,$u_+ = u_- = u_i$。

所以$i_1 = \frac{0 - u_-}{R_1} = -\frac{u_i}{R_1}$,$i_f = \frac{u_- - u_o}{R_F} = \frac{u_i - u_o}{R_F}$,则 $-\frac{u_i}{R_1} = \frac{u_i - u_o}{R_F}$。

$$u_o = \left(1 + \frac{R_F}{R_1}\right) u_i \tag{2.26}$$

可见输出电压与输入电压成比例关系,二者极性相同,所以图 2.44 所示电路被称为同相

比例运算电路。所得到的闭环电压放大倍数

$$A_{uf} = \frac{u_o}{u_i} = \left(1 + \frac{R_F}{R_1}\right) \tag{2.27}$$

R_2为静态平衡电阻，为了使集成运算放大电路的两个输入端在静态时处于对称的平衡状态，应使两个输入端的对地电阻相等。所以

$$R_2 = R_1 // R_F \tag{2.28}$$

当同相比例运算电路中的 $R_1 = \infty$ 或 $R_F = 0$ 时，$A_{uf} = 1$。说明 u_o与 u_i大小相等、极性相同，这时的同相比例运算电路又称为电压跟随器，如图 2.45 所示。

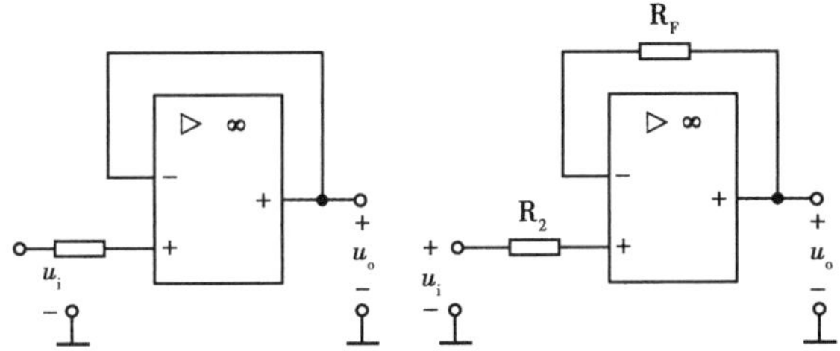

图 2.45　电压跟随器

电压跟随器特点：输入电阻大，输出电阻小，存在串联电压负反馈，$u_o = u_i$。

3）加法运算电路

加法运算分为反相加法和同相加法两种，反相加法运算电路如图 2.46 所示，输入信号 u_{i1}经过电阻 R_1、输入信号 u_{i2}经过电阻 R_2同时接到反相输入端，同相输入端经过电阻 R_P接地。为了使集成运算放大电路工作在线性区，输出电压 u_o经反馈电阻 R_F反馈到反相输入端，形成负反馈。

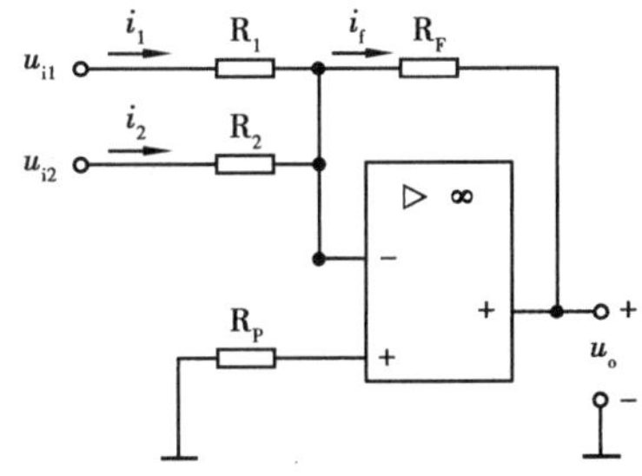

图 2.46　加法运算电路

利用虚短、虚断和虚地的概念分析：

根据基尔霍夫电流定律：$i_1 + i_2 = i_- + i_f$，由虚断可知$i_- = 0$，则 $i_1 + i_2 = i_f$。

由图 2.46 可得 $i_1 = \dfrac{u_{i1} - u_-}{R_1} = \dfrac{u_{i1}}{R_1}$ 、$i_2 = \dfrac{u_{i2} - u_-}{R_2} = \dfrac{u_{i2}}{R_2}$、$i_f = \dfrac{u_- - u_o}{R_F} = -\dfrac{u_o}{R_F}$

$$u_o = -\left(\frac{R_F}{R_1} u_{i1} + \frac{R_F}{R_2} u_{i2}\right) \tag{2.29}$$

可见，输出电压与输入电压之间是一种反相输入加法运算关系。

若 $R_1 = R_2 = R_F$，则 $u_o = -(u_{i1} + u_{i2})$　(2.30)

平衡电阻　$R_P = R_1 // R_2 // R_F$　(2.31)

另外，同相加法运算电路调节起来困难，且几个输入信号之间会相互影响，还会存在共模输入电压，因此在实际电路中很少应用。如果要实现同相，可在反相运算电路之后再反相。

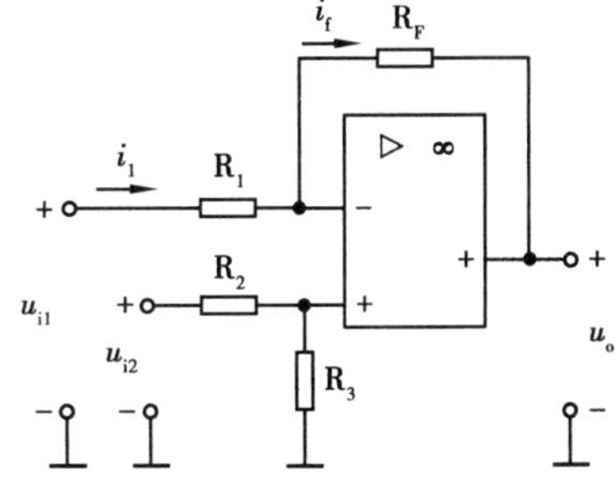

图 2.47　减法运算电路

4）减法运算电路

减法运算电路如图 2.47 所示，输入信号 u_{i1}经过电阻 R_1接到反相输入端，输入信号 u_{i2}经

过电阻 R_2 接到同相输入端,同相输入端经过电阻 R_3 接地。为了使集成运算放大电路工作在线性区,输出电压 u_o 经反馈电阻 R_F 反馈到反相输入端,形成负反馈。

可以用叠加原理来分析减法运算放大电路:当 u_{i1} 单独作用时,$u_{i2}=0$(接地),此时电路变成反相比例运算放大电路。

$$u'_o = -\frac{R_F}{R_1}u_{i1}$$

当 u_{i2} 单独作用时,$u_{i1}=0$(接地),此时电路变成同相比例运算放大电路。

$$u''_o = \left(1+\frac{R_F}{R_1}\right)u_+ = \left(1+\frac{R_F}{R_1}\right)\frac{R_3}{R_2+R_3}u_{i2}$$

$$u_o = u'_o + u''_o = -\frac{R_F}{R_1}u_{i1} + \left(1+\frac{R_F}{R_1}\right)\frac{R_3}{R_2+R_3}u_{i2} \tag{2.32}$$

当 $R_1=R_2$,且 $R_3=R_F$ 时,有

$$u_o = \frac{R_F}{R_1}u_{i2} - u_{i1} \tag{2.33}$$

当 $R_1 = R_F$ 时,有

$$u_o = u_{i2} - u_{i1} \tag{2.34}$$

实际应用中,为了保证集成运算放大电路的两个输入端处于平衡工作状态,通常选 $R_1=R_2$,且 $R_3=R_F$。

(5)集成运算放大电路的其他应用

1)电压 - 电流转换电路

电压 - 电流转换电路如图 2.48 所示,输入信号 u_i 从集成运算放大电路的同相输入端送入,信号放大后给负载 R_L 供电。

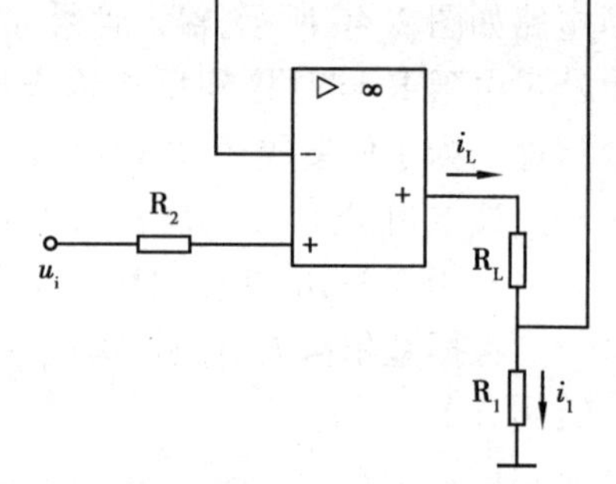

图 2.48　电压 - 电流转换电路

根据集成放大电路的虚短可知 $u_+ = u_- = u_i$,则

$$i_L = i_1 = \frac{u_i}{R_1} \tag{2.35}$$

式子(2.35)表明输出电流与输入电压成正比,与负载电阻无关。

2)恒电压源电路

由集成运算放大电路组成的可调恒压源电路如图 2.49 所示,输入信号电压 u_i 由稳压管提供,从集成运算放大电路的反相输入端输入。通过调节 R_F 的大小,可调节输出电压 u_o 的大小。

由反相比例运算放大电路的放大原理可知

$$u_o = -\frac{R_F}{R_1}u_i = -\frac{R_F}{R_1}U_Z \tag{2.36}$$

式子(2.36)表明,输出电压 u_o 与 U_z 成正比,极性相反。由于 U_z 稳定不变,所以输出电压 u_o 不随负载 R_L 的变化而波动,输出电压 u_o 恒定。通过调节 R_F 的大小,可调节输出电压 u_o 的大小。

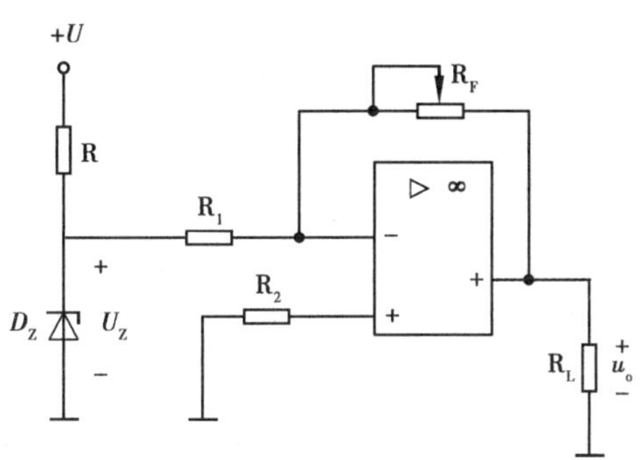

图 2.49　恒电压源电路

3)非线性应用——电压比较器

非线性应用:集成运算放大电路不外加负反馈,集成运算放大电路工作在开环状态或者正反馈状态。

分析依据:$u_+ > u_-$,$u_o = +U_{OM}$;$u_+ < u_-$,$u_o = -U_{OM}$。

电平检测比较器用来检测输入信号 u_i是否达到某一电压值 U_R,电路如图 2.50(a)所示,输入信号 u_i经电阻 R_1从集成运算放大电路的反相输入端输入,比较电压 U_R(U_R又称临界电压、基准电压或参考电压,可以是正的或负的常数,也可以是按照某个函数关系变化的电压)经电阻 R_2从集成运算放大电路的同相输入端输入。

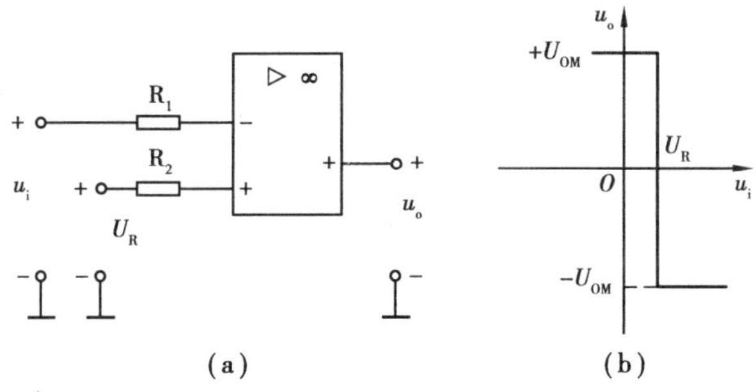

图 2.50　电平检测比较器

当 $u_i > U_R$时,$u_o = -U_{OM}$;当 $u_i < U_R$时,$u_o = +U_{OM}$。U_{OM}为集成运算放大电路的输出饱和电压,这种电路的电压传输特性如图 2.50(b)所示。

【任务实施】

步骤一:复习
1)电子实训室安全操作规程学习。 2)画出同相比例运算放大电路、反相比例运算放大电路、加法电路和减法电路。 3)写出 4 种电路的计算公式。 4)叙述输出电压 u_o与输入电压 u_i之间的关系。  反向比例
步骤二:准备实验器材

续表

序号	名称	规格	数量
1	模电实验箱		1只
2	电子实训台		1台
3	万用表	MF47	1只
4	连接导线		若干

步骤三:反相比例放大电路的测试

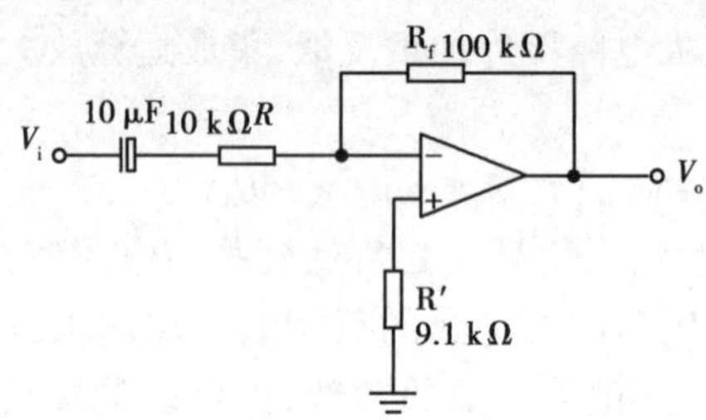

1)按图连接实验电路。

2)调节信号源的输出。用万用表测量输入电压 V_i 及输出电压 V_0,数据记入表格中。

V_i	0.3 V	0.4 V	0.5 V
V_0(理论值)			
V_0(测量值)			

*应用拓展1:反相加法运算电路

1)按图连接实验电路。

2)调节信号源的输出。用万用表测量输入电压 V_i 及 A、B 点电压 V_A、V_B 及输出电压 V_0,数据记入表格中。

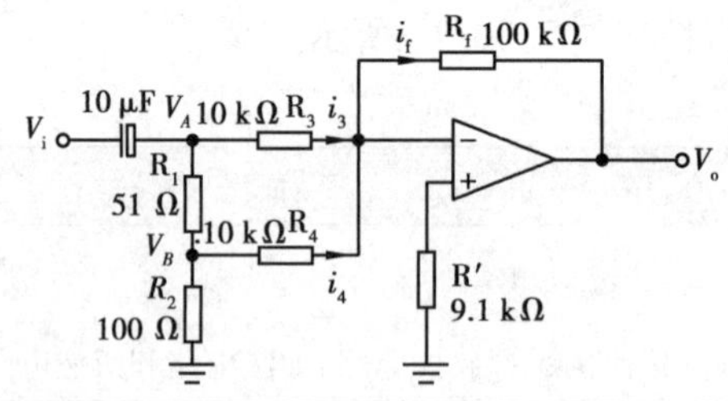

V_i	0.1 V	0.2 V	0.3 V
V_A			
V_B			
V_0(理论值)			
V_0(测量值)			

续表

思考
1)什么是理想集成运算放大器? 2)理想集成运算放大器工作在线性区和非线性区的分析依据分别是什么? 3)集成运算放大器都由哪几部分组成?每个部分的作用是什么? 4)集成运算放大器的主要参数有哪些? 5)集成运算放大电路一般工作在什么区域? 6)集成运算放大电路为什么要引入负反馈? 7)反相比例运算电路和同相比例运算电路有什么相同点和不同点? 8)电压跟随器的输出信号和输入信号相同,为什么还要应用这种电路? 9)电压比较器的功能是什么?用作比较器的集成运算放大电路工作在什么区域?

【安全提示】

1. 请严格遵守实验室操作规程。
2. 按照实验室7S管理要求规范操作。

【注意】

在搭接电路和连接设备机实验箱接线时一定要断电操作。

知识链接

【例2.1】已知电路如图所示,试求输出电压u_o和静态平衡电阻R_2、R_3的阻值。

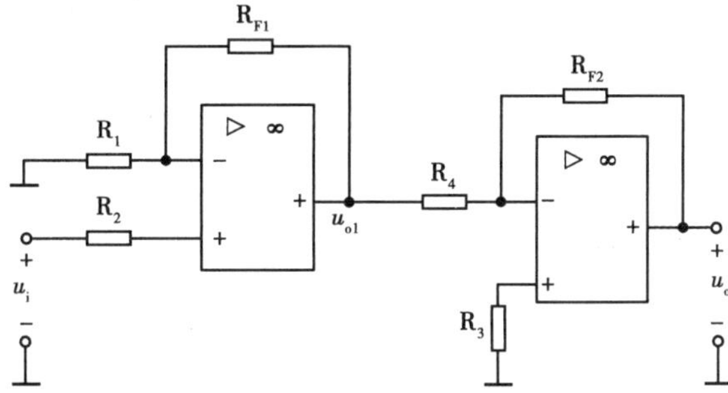

分析步骤:第一级为同相比例运算电路,即

$$u_{o1}=\left(1+\frac{R_{F1}}{R_1}\right)u_i$$

第二级为反相比例运算电路,即

$$u_o=-\frac{R_{F2}}{R_4}u_{o1}=-\frac{R_{F2}}{R_4}\left(1+\frac{R_{F1}}{R_1}\right)u_i$$

静态平衡电阻:$R_2=R_1//R_{F1}$,$R_3=R_4//R_{F2}$。

【例2.2】在图示电路中$u_{i1}=1\ \text{V}$,$u_{i2}=-1\ \text{V}$,$R_1=R_F=10\ \text{k}\Omega$,$R=5\ \text{k}\Omega$,试求输出电压$u_o$。

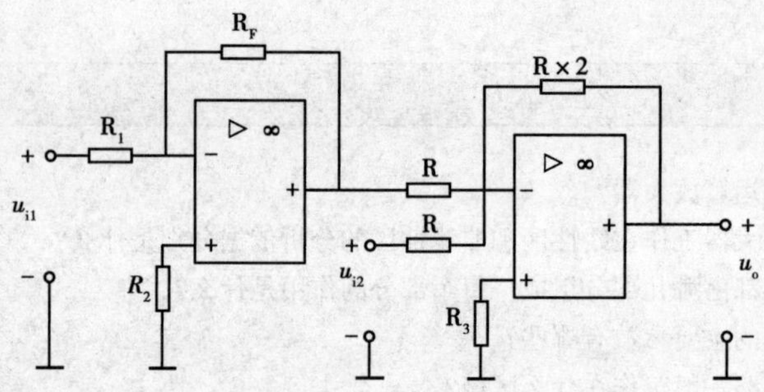

分析步骤:第一级为反相比例运算电路,即

$$u_{o1} = -\frac{R_F}{R_1}u_{i1} = -1\ \mathrm{V}$$

第二级为加法运算电路,即

$$u_o = -\left(\frac{R_F}{R_1}u_{o1} + \frac{R_F}{R_2}u_{i2}\right) = -\frac{2R}{R}(-1-1) = 4\ \mathrm{V}$$

【例 2.3】已知电路如图所示,试求输出电压 u_o。

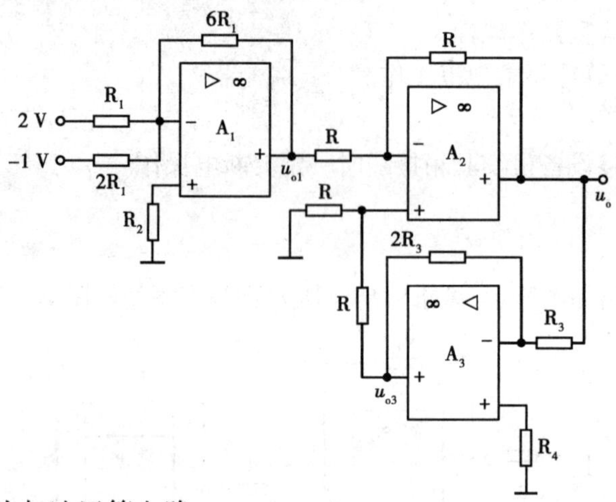

分析步骤:A1 级为加法运算电路

$$u_{o1} = -\left(\frac{R_F}{R_1}u_{i1} + \frac{R_F}{R_2}u_{i2}\right) = -\left[\frac{6R_1}{R_1}\times 2 + \frac{6R_1}{2R_1}(-1)\right] = -9\ \mathrm{V}$$

A3 级为反相比例运算电路

$$u_{o3} = -\frac{2R_3}{R_3}u_o = -2u_o$$

A2 级为减法运算电路

$$u_o = u_{o3} - u_{o1} = -2u_o + 9$$

$$u_o = 3\ \mathrm{V}$$

【阅读材料】

差动放大电路

差动放大电路又叫差分放大电路,它不仅能有效地放大直流信号,而且能有效地减小由于电源波动或晶体管随温度变化而引起的零点漂移,因而获得广泛的利用,特别是被广泛应用于集成运算放大电路。

(1)基本差动放大电路的概念

差动放大电路中的基本差动放大电路由两个完全对称的共发射极单管放大电路组成，该电路的输入端是两个信号的输入。这两个信号的差值，为该电路的有效输入信号，电路的输出信号是对这两个输入信号之差的放大。基本差动放大电路如图 2.51 所示。

对于采用直接耦合方式的多级放大电路，会产生零点漂移问题。所谓零点漂移，指的是当输入电压信号为零时，输出电压信号不为零。产生零点漂移的原因有温度变化、直流电源波动及元器件老化等，其中晶体管的参数受温度的变化而产生改变是主要原因，因此零点漂移又称温漂。而解决零点漂移问题的根本方法为采用差动放大电路。

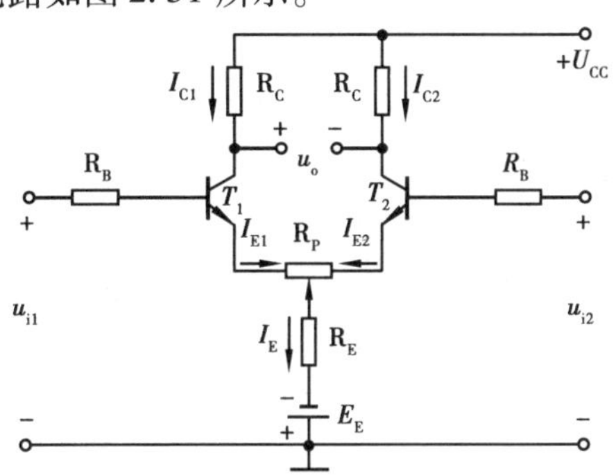

图 2.51　典型基本差动放大电路

零点漂移的形成原因如下：运算放大器均是采用直接耦合的方式，直接耦合式放大电路各级的 Q 点是相互影响的，由于各级的放大作用，第一级的微弱变化，会使输出级产生很大的变化。当输入为零时，但由于某些原因(比如温度)使输入级的 Q 点发生微弱变化，最终输出将随时间缓慢变化，这样就形成了零点漂移。

(2)基本差动放大电路的工作原理

1)电路组成

基本差动放大电路如图 2.51 所示，它由两个对称的共射级电路组成，其中 T_1、T_2 的特性参数一致，输入信号 u_{i1}、u_{i2} 分别从 T_1、T_2 的基极输入，输出信号从 T_1、T_2 的集电极输出，输入与输出不共地，T_1 与 T_2 具有公共的发射极电阻 R_e，该电路由电源 $+V_{cc}$ 和 $-V_{EE}$ 供电。R_e 的作用是稳定静态工作点，限制每个晶体管的零点漂移，而 $-V_{EE}$ 的作用补偿 R_e 上的压降，以便获得适合的静态工作点。

2)差模信号和共模信号。

①差模信号：大小相等、极性相反的输入信号，用 U_{id} 表示，$U_{id1}=-U_{id2}$。

②共模信号：大小相等、极性相同的输入信号，用 U_{ic} 表示，$U_{ic1}=U_{ic2}$。

在差动放大电路中，由于温度变化和电源电压波动对于 T_1、T_2 的影响是相同的，属于共模信号性质，因此，共模信号是需要抑制的信号，而差模信号则是需要放大的信号。

3)差模增益

差动放大电路对差模信号的放大倍数称为差模增益，用 A_{ud} 表示，大小如下：

$$A_{ud}=\frac{U_{od}}{U_{id}}=-\frac{\beta R_C}{r_{be}}$$

式中 r_{be} 为三极管的动态输入电阻。

4)共模增益

差动放大电路对共模信号的放大倍数成为共模增益，用 A_{uc} 表示。由于晶体管 T_1、T_2 发射极共模电流大小相等极性相同，所以流经公共发射极电阻 R_e 的电流为 $2I_e$，相当于对 T_1、T_2 具有 $2R_e$ 的电流负反馈作用。

$$U_{OC}=U_{OC1}-U_{OC2}=0$$

所以 $A_{uc}=0$，表明差动放大电路对共模信号无放大作用。

5）共模抑制比

共模抑制比用 K_{CMR} 表示，用来衡量差动放大器对共模信号的抑制能力。

$$K_{CMR}=\left|\frac{A_{ud}}{A_{uc}}\right|$$

共模抑制比越大越好。对于图 2.51 基本差动放大电路而言，要使 K_{CMR} 增大，关键是要提高晶体管 T_1、T_2 的对称性，在理想对称的情况下，具有克服零点漂移、零输入零输出、抑制共模信号和放大差模信号四大特点。另外，增大 R_e，也能有效地提高差动放大电路的共模抑制比。

6）工作原理

当输入信号 $U_i=0$ 时，则晶体管 T_1、T_2 的基极电流相等，集电极电位也相等，所以输出电压 $U_o=U_{c1}-U_{c2}=0$。当温度上升时，两管电流均增加，则集电极电位均下降，由于它们处于同一温度环境，因此两管的电流和电压变化量均相等，其输出电压仍然为零，从而解决了零点漂移问题。

【教学评价】

评价项目	项目评价内容	分值	自我评价	小组评价	教师评价	得分
实际操作技能	1. 反相比例运算电路测试	20				
	2. 反相加法运算电路测试	30				
理论知识	1. 画出同相比例运算放大电路、反相比例运算放大电路、加法电路和减法电路	10				
	2. 写出 4 种电路计算公式	10				
	3. 简述消除零点漂移的方法	5				
安全文明操作	1. 实验设备的正确使用	5				
	2. 元器件的摆放及实训台的整理	5				
学习态度	1. 出勤情况	5				
	2. 实验室和课堂纪律	5				
	3. 团队协作精神	5				

项目三
三人表决器的制作

项目描述

人们生活中所使用的手机、计算机等电子设备都是数字电子产品，其中的大多数电信号不同于本书前面所讲述的模拟电路信号，认识与学习数字电路非常重要，本项目分为3个任务，即门电路认识、逻辑表达式的化简和三人表决器的设计与制作。

图3.1　三人表决器

【学习目标】

掌握数字信号的基本概念，明确与或非逻辑并能够对逻辑表达式进行化简，能够设计基本的数字逻辑电路。

【技能目标】

熟悉数字逻辑实验箱的使用；会正确测试数字逻辑电路常用芯片；能够搭建三人表决器，会对电路进行测试。

【素质目标】

实验过程中安全操作，严格执行实验室“7S”管理要求，培养自身职业素养和劳动习惯，增强团队意识和创新意识。

任务3.1 门电路认识

任务目标

1. 了解什么是数字电路。
2. 理解基本门电路的逻辑关系。
3. 了解数字逻辑实验箱的功能分区。
4. 了解常用数字集成芯片的引脚及其功能。

【任务描述】

学习数字电路的基本原理,理解基本门电路的逻辑关系,能够通过数字逻辑实验箱验证基本门电路逻辑关系。

【任务准备】

(1)认识数字信号和数字电路

处理和传输数字信号的电路称为数字电路,数字电路中的电信号不同于模拟信号,称为数字信号。

模拟信号是随时间连续变化的信号,而数字信号只有0和1两种状态,0代表低电平,1代表高电平。模拟信号如图3.2(a)所示,数字信号如图3.2(b)所示。

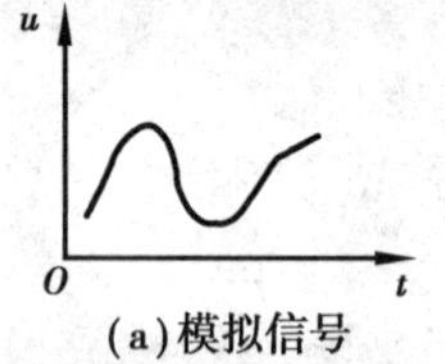

(a)模拟信号

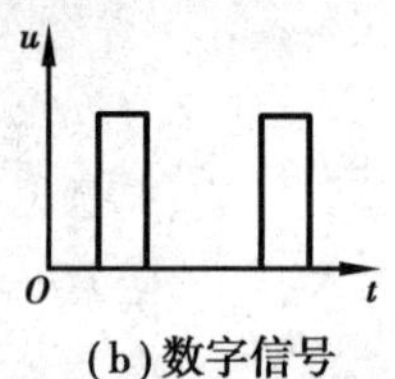

(b)数字信号

图3.2 模拟信号与数字信号

(2)数字电路的特点

数字电路不同于模拟电路,其中的三极管工作在开关状态,而模拟电路中三极管则工作在放大状态。

数字电路的其特点如下:

①数字信号是用1和0表示的二进制的数字信号,即高电平和低电平信号。

②抗干扰能力远远强于模拟信号。

③通用性强。

④具有逻辑运算与判断能力。

(3)认识与或非逻辑

1)与逻辑

当决定某一事件的全部条件都具备时,该事件才会发生,这样的因果关系称为与逻辑关系,简称与逻辑,实现与逻辑的电路称为与门,其逻辑符号如图3.3所示。

逻辑表达式:

$$Y = A \cdot B = AB$$

逻辑功能:见 0 为 0,全 1 为 1。

2)或逻辑

当决定某一事件的所有条件中,只要有一个具备,该事件就会发生,这样的因果关系称为或逻辑关系,简称或逻辑,实现或逻辑的电路称为或门,其逻辑符号如图 3.4 所示。

逻辑表达式:

$$Y = A + B$$

逻辑功能:见 1 为 1,全 0 为 0。

3)非逻辑

当某一条件具备了,事情不会发生;而此条件不具备时,事情反而发生。这种逻辑关系称为非逻辑关系,简称非逻辑,实现非逻辑的电路称为非门,其逻辑符号如图 3.5 所示。

逻辑表达式:

$$Y = \bar{A}$$

符号" – "读作"非"。

逻辑功能: 1 变 0,0 变 1。

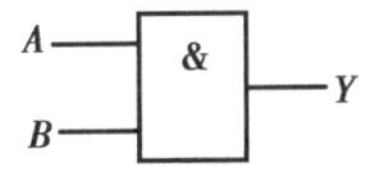

图 3.3　与逻辑符号

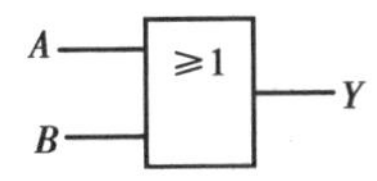

图 3.4　或逻辑符号

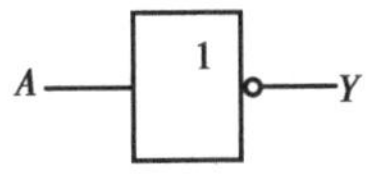

图 3.5　非逻辑符号

(4)认识数字逻辑实验箱

根据不同型号的数字逻辑实验箱,了解实验箱电源插座位置、逻辑开关位置、数码管区域、双列直插式芯片座区域、逻辑指示灯、实验所用电源等,如图 3.6 所示。

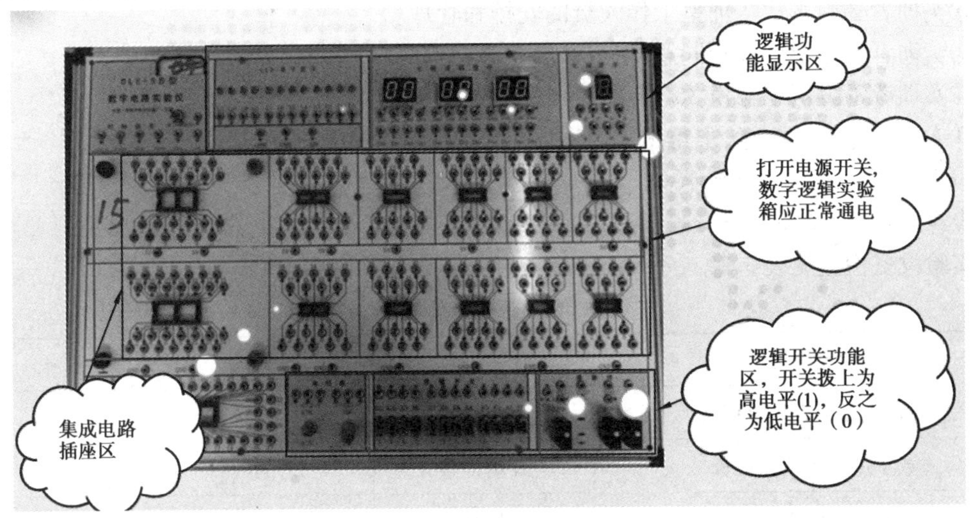

图 3.6　数字逻辑实验箱

(5)常用数字集成芯片的引脚识别

TTL 集成门电路芯片管脚分别对应逻辑符号图中的输入、输出端,电源和地一般为集成片的左上引脚和右下引脚,如 7 脚为电源地(*GND*),14 脚为电源正(V*cc*),其余管脚为输入和输

出，如图 3.7 所示。管脚的识别方法是：将集成块正面（有字的一面）对准使用者，以左边凹口或小标志点"·"为起始脚，从下往上按逆时针方向向前数 1，2，3，…，n 脚。使用时，查找 *IC* 手册即可知各管脚功能。

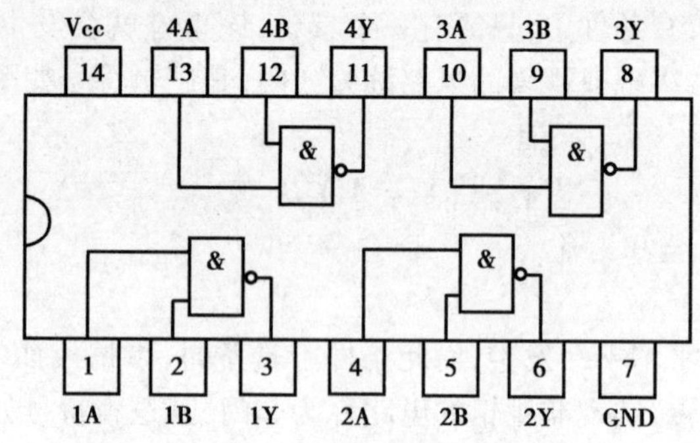

图 3.7　74*LS*00 四 2 输入与非门管脚排列图

【任务实施】

步骤一：电子实训室安全操作规程学习。

①不准穿拖鞋进入实训室。

②严格按照仪器操作规程正确操作仪器。

③实训室内不准使用明火，就座后不得随意来回走动，以免触碰电源、电缆等。

④实训时若发现仪器设备出现故障或异常情况（有异味、冒烟等）时，应立即关闭电源开关，拔掉电源插头，并及时向实训室管理人员报告，实训者不得擅自处理，不报告擅自处理者造成的后果自负。

⑤实训完毕后，关闭设备电源，关好门窗，整理好仪器设备，并打扫卫生。

⑥实训者必须服从实训室工作人员的安排和管理。

⑦实训者未经指导教师同意，不得开启实验台电源。

⑧实训者不得用手触摸 36 *V* 以上的电源。

⑨未经指导教师同意，不得用实验室仪器仪表测量 220 *V* 电源。

⑩不得带电进行实训操作。

步骤二：实验设备检查。

实验设备检查见表 3.1。

表 3.1　实验设备检查

检测内容	使用工具	现象
指针式万用表是否正常	使用目测	
数字逻辑实验箱检查	开箱检查	
实验台电源检查	目测	

步骤三：常用门电路逻辑功能的测试。

测试须知：*TTL* 门电路的输入端若不接任何信号则视为高电平；在拔插集成块时，必须切断电源；实验时，当输入端须改接连线时，不得在通电情况下进行操作，需先切断电源，改接连线完成后,再通电进行实验。

①与门功能测试:将 74*LS*08 集成片插入实验箱 *IC* 空插座中,管脚排列如图 3.8 所示,输入端接逻辑开关,输出端接 *LED* 发光二极管,管脚 14 接 +5 *V* 电源,管脚 7 接地,即可进行实验。将结果用逻辑“0”或“1”来表示,并填入表 3.2 中。

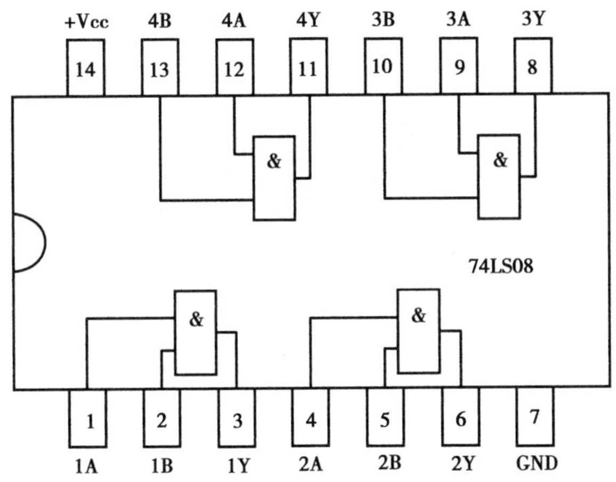

图 3.8　74*LS*08 四 2 输入与门管脚排列图

表 3.2　74*LS*08 四 2 输入与门测试结果

输入		输出 Y
A	B	
0	0	
0	1	
1	0	
1	1	

②或门功能测试:将 74*LS*32 集成片插入实验箱 *IC* 空插座中,管脚排列如图 3.9 所示,输入端接逻辑开关,输出端接 *LED* 发光二极管,管脚 14 接 +5 *V* 电源,管脚 7 接地,即可进行实验。将结果用逻辑“0”或“1”来表示,并填入表 3.3 中。

表 3.3　74*LS*32 四 2 输入或门测试结果

输入		输出 Y
A	B	
0	0	
0	1	
1	0	
1	1	

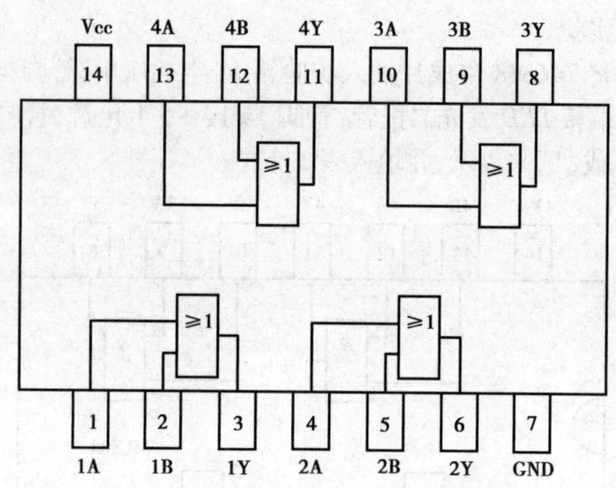

图 3.9　74*LS*32 四 2 输入或门管脚排列图

③与非门功能测试：将 74*LS*00 集成片插入实验箱 *IC* 空插座中，管脚排列如图 3.10 所示，输入端接逻辑开关，输出端接 *LED* 发光二极管，管脚 14 接 +5 *V* 电源，管脚 7 接地，即可进行实验。将结果用逻辑“0”或“1”来表示，并填入表 3.4 中。

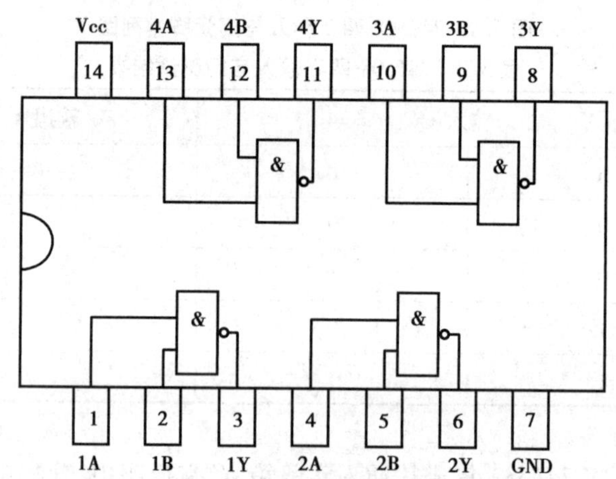

与非门逻辑功能验证

图 3.10　74*LS*00 四 2 输入与非门管脚排列图

表 3.4　74*LS*00 四 2 输入与非门测试结果

输入		输出 Y
A	B	
0	0	
0	1	
1	0	
1	1	

思考

①数字信号与模拟信号有何不同?

②一般情况下,数字集成芯片的引脚如何识读?

③总结课程中遇到的困难。

知识链接

(1)数制与码制

1)数码

数码是指由数字符号构成且表示物理量大小的数字和数字组合。

计数制(简称"数制")是指多位数码中每一位的构成方法,以及从低位到高位的进制规则。各数制特点见表3.5。

表3.5　各种数制的特点

进制	数字符号	计数规则	基数	权
十进制	0、1、2、3、4、5、6、7、8、9	逢十进一	10	10的幂
二进制	0、1	逢二进一	2	2的幂
八进制	0~7	逢八进一	8	8的幂
十六进制	0~9、*A*、*B*、*C*、*D*、*E*、*F*	逢十六进一	16	16的幂

2)数制间的转换

①非十进制数转换成十进制数。

方法:乘权展开求和。

②十进制数转换成非十进制数。

方法:整数部分为除以基数,取余数,先低后高;小数部分为乘以基数,取整数,先高后低。

例3.1:将$(1101.01)_2$、$(274)_8$和$(AF3.15)_{16}$转换为十进制数。

解:$(1101.01)_2=1\times2^3+1\times2^2+0\times2^1+1\times2^0+0\times2^{-1}+1\times2^{-2}=(13.25)_{10}$

$(274)_8=2\times8^2+7\times8^1+4\times8^0=(188)_{10}$

$(AF3.15)_{16}=10\times16^2+15\times16^1+3\times16^0+1\times16^{-1}+5\times16^{-2}=(2803.08203125)_{10}$

例3.2:将$(19)_{10}$转换为二进制数,将$(45)_{10}$转换为八进制数、十六进制数。

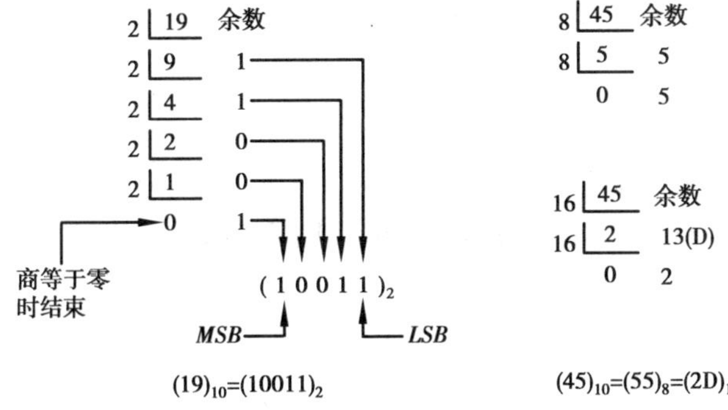

$(19)_{10}=(10011)_2$　　$(45)_{10}=(55)_8=(2D)_{16}$

3)码制

二进制代码是指具有特定意义的二进制数码。

编码是指代码的编制过程。

二-十进制编码 *BCD* 码是指用一个 4 位二进制代码表示 1 位十进制数字的编码方法。

(2)复合逻辑及复合门

1)与非运算

“与”和“非”的复合运算称为与非运算。

逻辑表达式:

$$Y = \overline{ABC}$$

与非门的逻辑符号如图 3. 11 所示。

与非门的逻辑功能:“有 0 为 1,全 1 为 0”。

2)或非运算

“或”和“非”的复合运算称为或非运算。

逻辑表达式:$Y = \overline{A + B + C}$

或非门的逻辑符号如图 3. 12 所示。

或非门的逻辑功能:“有 1 为 0,全 0 为 1”。

3)异或运算

异或运算是指两个输入变量取值相同时输出为 0,取值不同时输出为 1。

逻辑表达式:$Y = A \oplus B = A\overline{B} + \overline{A}B$

式中符号“⊕”表示异或运算。

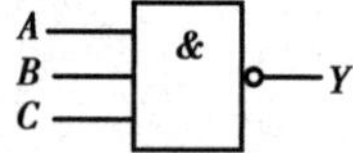

图 3. 11　三输入与非门

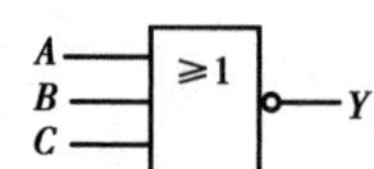

图 3. 12　三输入或非门

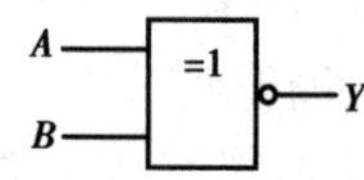

图 3. 13　异或门

异或门的逻辑符号如图 3. 13 所示。

异或门的逻辑功能:“相同为 0,相异为 1”。

4)同或运算

同或运算是指两个输入变量取值相同时输出为 1,取值不相同时输出为 0。

逻辑表达式:$Y = A \odot B = AB + \overline{A}\overline{B}$

式中符号“⊙”表示同或运算。

同或门的逻辑符号如图 3. 14 所示。

同或门的逻辑功能:“相同为 1,相异为 0”。

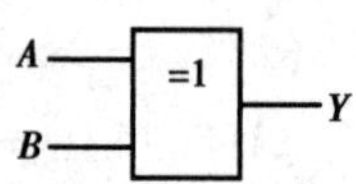

图 3. 14　同或门

【阅读材料】

①上网查询了解 74 系列芯片。

②到学校图书馆查看电子元器件手册,了解门电路知识。

【教学评价】

表 3.6 教学评价表

评价项目	项目评价内容	分值	自我评价	小组评价	教师评价	得分
实际操作技能	正确搭接 3 种门电路	45				
小组提问	1. 简述数字信号的特点	15				
	2. 简述各门电路的功能	10				
安全文明生产	1. 万用表的安全使用	10				
	2. 元器件的摆放	5				
学习态度	1. 出勤情况	5				
	2. 实验室和课堂纪律	5				
	3. 团队协作精神	5				
总分(100 分)						

任务 3.2 逻辑表达式的化简

任务目标

1. 理解基本逻辑运算的基本法则。
2. 掌握逻辑运算化简的方法。
3. 能够通过虚拟仿真验证逻辑化简后的结果。

【任务描述】

学习基本逻辑运算的基本法则,学会利用虚拟仿真软件验证逻辑化简后的结果。

【任务准备】

(1)基本逻辑运算

逻辑与 $\boxed{F = A \cdot B \cdot C}$

逻辑或 $\boxed{F = A + B + C}$

逻辑非 $\boxed{F = \overline{A}}$

(2)逻辑规则

逻辑与	逻辑或	逻辑非
$A \cdot 0 = 0$	$A + 0 = A$	$\overline{\overline{A}} = A$
$A \cdot 1 = A$	$A + 1 = 1$	
$A \cdot A = A$	$A + A = A$	
$A \cdot \overline{A} = 0$	$A + \overline{A} = 1$	

(3)基本运算法则

1)交换率

$A \cdot B = B \cdot A$

$A + B = B + A$

2)结合率

$(A \cdot B)C = A(B \cdot C)$

$(A + B) + C = A + (B + C)$

3)分配率

$A(B + C) = AB + BC$

$A + BC = (A + B)(A + C)$

4)吸收率

$\boxed{A + AB = A}$

证明:$A + AB = A(1 + B) = A$

$\boxed{A + \bar{A}B = A + B}$

证明:$A + B = (A + B)(A + \bar{A})$

$= A \cdot A + AB + A \cdot \bar{A} + \bar{A}B$

$= A + AB + \bar{A}B$

$= A + \bar{A}B$

$\boxed{A \cdot (A + B) = A}$

证明:$A \cdot (A + B) = A \cdot A + AB$

$= A + AB$

$= A$

5)摩根公式

$\overline{A + B} = \bar{A} \cdot \bar{B}$

$\overline{A \cdot B} = \bar{A} + \bar{B}$

证明:

A	B	$\overline{A + B}$	$\bar{A} \cdot \bar{B}$
0	0	1	1
0	1	0	0
1	0	0	0
1	1	0	0

例3.3:化简逻辑式　$F = A\bar{B} + B + \bar{A}B$。

解:　$F = A\bar{B} + B + \bar{A}B$

$= A + B + \bar{A}B$

$= A + B(1 + \bar{A})$

$$=A+B$$

例 3.4:化简逻辑式　$F=A+\overline{AB}C+BC$

解:

$$\begin{aligned}F&=A+\overline{AB}C+BC\\&=A+(\bar{A}+\bar{B})C+BC\\&=A+\bar{A}C+\bar{B}C+BC\\&=A+\bar{A}C+C(\bar{B}+B)\\&=A+\bar{A}C+C\\&=A+C\end{aligned}$$

【任务实施】

步骤一:电子实训室安全操作规程学习。

①不准穿拖鞋进入实训室。

②严格按照仪器操作规程正确操作仪器。

③实训室内不准使用明火,就座后不得随意来回走动,以免触碰电源、电缆等。

④实训时若发现仪器设备出现故障或异常情况(有异味、冒烟等)时,应立即关闭电源开关,拔掉电源插头,并及时向实训室管理人员报告,实训者不得擅自处理,不报告擅自处理者造成的后果自负。

⑤实训完毕后,关闭设备电源,关好门窗,整理好仪器设备,并打扫卫生。

⑥实训者必须服从实训室工作人员的安排和管理。

⑦实训者未经指导教师同意,不得开启实验台电源。

⑧实训者不得用手触摸 36 V 以上的电源。

⑨未经指导教师同意,不得用实验室仪器仪表测量 220 V 电源。

⑩不得带电进行实训操作。

步骤二:实验设备检查。

实验设备检查见表 3.7。

表 3.7　实验设备检查

检测内容	使用工具	现象
指针式万用表是否正常	使用目测	
数字逻辑实验箱	开盒检查	
实验台电源检查	目测	

步骤三:逻辑电路测试。

①根据例 3.3 的表达式 $F=A\bar{B}+B+\bar{A}B$,搭接电路如图 3.15 所示。

74LS04 的 1 脚、3 脚分别输入信号 A、B,74LS32 的 6 脚输出信号 F,填写真值表,见表 3.8。

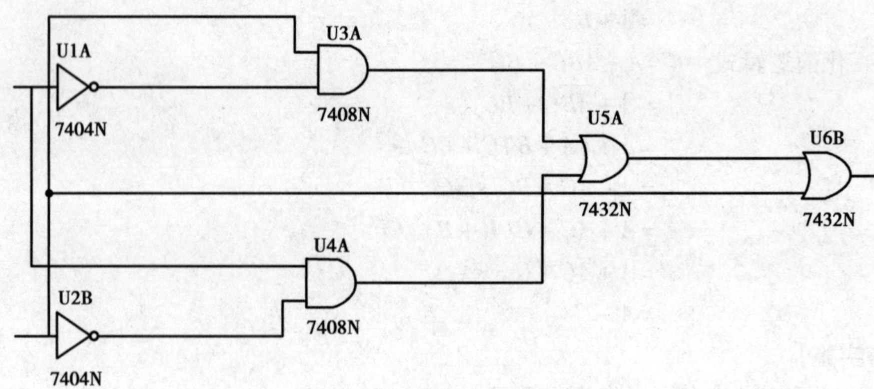

图 3.15 步骤三化简前电路

表 3.8 真值表

A	B	F
0	0	
0	1	
1	0	
1	1	

②根据化简后的结果 $F = A + B$,搭接电路如图 3.16 所示。

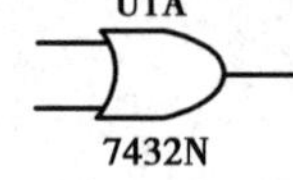

图 3.16

将以上两次实验的结果进行比对,验证化简前后的逻辑运算结果一致,并填写表 3.9。

表 3.9 74LS32 四 2 输入或门测试结果

A	B	F
0	0	
0	1	
1	0	
1	1	

步骤四:自行化简逻辑表达式,并搭接电路验证。

①逻辑表达式为:化简逻辑式 $F = A\bar{B}C + AB\bar{C} + ABC$。

a. 通过计算将其化简为 $F = AC + AB$。

b. 分别对化简前后的表达式搭接电路,填写真值表,见表 3.10。

表 3.10　真值表

A	*B*	*C*	*F*
0	0	0	
0	0	1	
0	1	0	
0	1	1	
1	0	0	
1	0	1	
1	1	0	
1	1	1	

将以上两次实验的结果进行比对,验证化简前后的逻辑运算结果一致。

应用拓展——使用 MULTISIM 软件仿真。

①利用软件仿真绘制如图 3.17 所示电路。

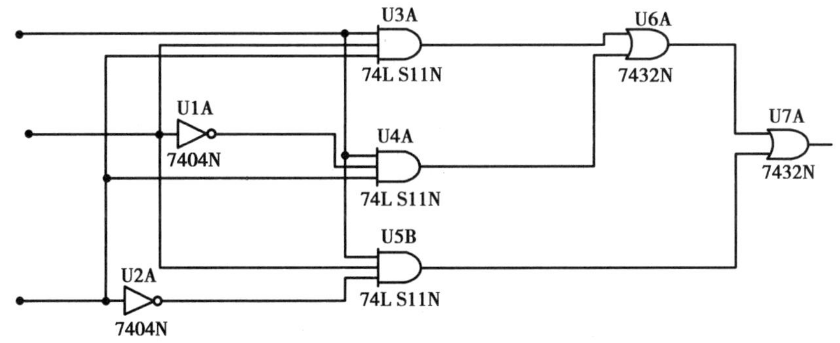

图 3.17　步骤四化简前电路

仿真完成真值表填写,将仿真结果填写表 3.11 中。

表 3.11　真值表

A	*B*	*C*	*F*
0	0	0	
0	0	1	
0	1	0	
0	1	1	
1	0	0	
1	0	1	
1	1	0	
1	1	1	

②仿真完成化简后电路(图3.18)填写表3.12,并比对两次测试结果。

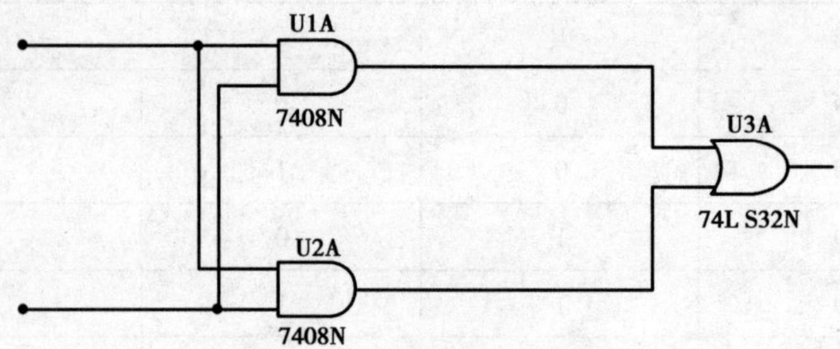

图3.18　步骤四化简后电路

表3.12　真值表

A	B	F
0	0	
0	1	
1	0	
1	1	

思考

①三人用A、B、C表示。每人一个按键,如果同意按键,反对不按键。表决结果F用指示灯表示,多数同意指示灯亮,否则指示灯不亮,逻辑表达式应该怎样表示?

②总结课程中遇到的困难。

【教学评价】

表3.13　教学评价表

评价项目	项目评价内容	分值	自我评价	小组评价	教师评价	得分
仿真操作	1. 正确绘制电路图	15				
	2. 正确填写真值表	15				
实际操作技能	1. 正确搭接电路	25				
	2. 正确填写真值表	20				
安全文明生产	1. 万用表的安全使用	5				
	2. 元器件的摆放	5				
学习态度	1. 出勤情况	5				
	2. 实验室和课堂纪律	5				
	3. 团队协作精神	5				
总分(100分)						

任务3.3　三人表决器的设计与制作

微课：组合逻辑电路的分析和设计

任务目标

1. 了解三人表决器的工作原理。
2. 能够通过三人表决器的工作原理进行任务分析，列出真值表、逻辑表达式并进行化简。
3. 绘制电路原理图和安装电路图。
4. 搭接三人表决器电路，完成相关逻辑关系验证。

【任务描述】

通过三人表决器工作原理，进行任务分析，列出真值表、逻辑表达式并进行化简。利用绘制电路原理图完成安装图绘制并在数字逻辑实验箱上搭建电路，完成三人表决器相关逻辑关系验证。

【任务准备】

（1）74LS10 介绍

74LS10 是一个由 3 个 3 输入与非门构成，工作电压为 +5 V，其中 1、2、13；3、4、5；9、10、11 为与非门输入端，6、8、12 为与非门输出端，14 脚为 +5 V 电源功能引脚，7 脚为电源接地端。其内部结构如图 3.19 所示。

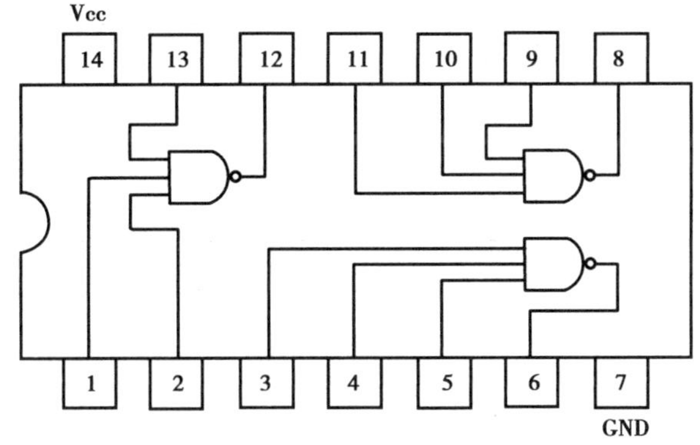

图 3.19　74LS10 内部结构

（2）任务要求

三人用 A、B、C 表示。每人一个按键，如果同意按键，反对不按键。表决结果 F 用指示灯表示，多数同意指示灯亮，否则指示灯不亮。

根据任务进行分析，三人 A、B、C 表决情况为输入量，按键时为 1，不按键时为 0。表决结果 F 为输出量，多数赞成时为 1，否则为 0。

步骤一：电子实训室安全操作规程学习。

①不准穿拖鞋进入实训室。

②严格按照仪器操作规程正确操作仪器。

③实训室内不准使用明火，就座后不得随意来回走动，以免触碰电源、电缆等。

④实训时若发现仪器设备出现故障或异常情况(有异味、冒烟等)时,应立即关闭电源开关,拔掉电源插头,并及时向实训室管理人员报告,实训者不得擅自处理,不报告擅自处理者造成的后果自负。

⑤实训完毕后,关闭设备电源,关好门窗,整理好仪器设备,并打扫卫生。

⑥实训者必须服从实训室工作人员的安排和管理。

⑦实训者未经指导教师同意,不得开启实验台电源。

⑧实训者不得用手触摸 36 V 以上的电源。

⑨未经指导教师同意,不得用实验室仪器仪表测量 220 V 电源。

⑩不得带电进行实训操作。

步骤二:根据题意列出逻辑状态表,见表 3.14。

表 3.14　真值表

A	B	C	F
0	0	0	
0	0	1	
0	1	0	
0	1	1	
1	0	0	
1	0	1	
1	1	0	
1	1	1	

步骤三:逻辑表达式及化简。

①$F=$

②对逻辑表达式进行化简。

步骤四:根据化简结果设计三人表决器电路图。

步骤五:实验设备检查,见表 3.15。

表 3.15　仪器设备状态检查表

检测内容	检测手段	检测结果
实验台电源检查	目测	
指针式万用表是否正常	目测	
数电实验箱数码显示是否正常	目测	
数电实验箱供电电源 5 V	万用表	
逻辑开关状态是否完好	实验导线或万用表	
导线是否完好	万用表	

步骤六:根据三人表决器电路图绘制安装线路图,如图 3.20 所示。

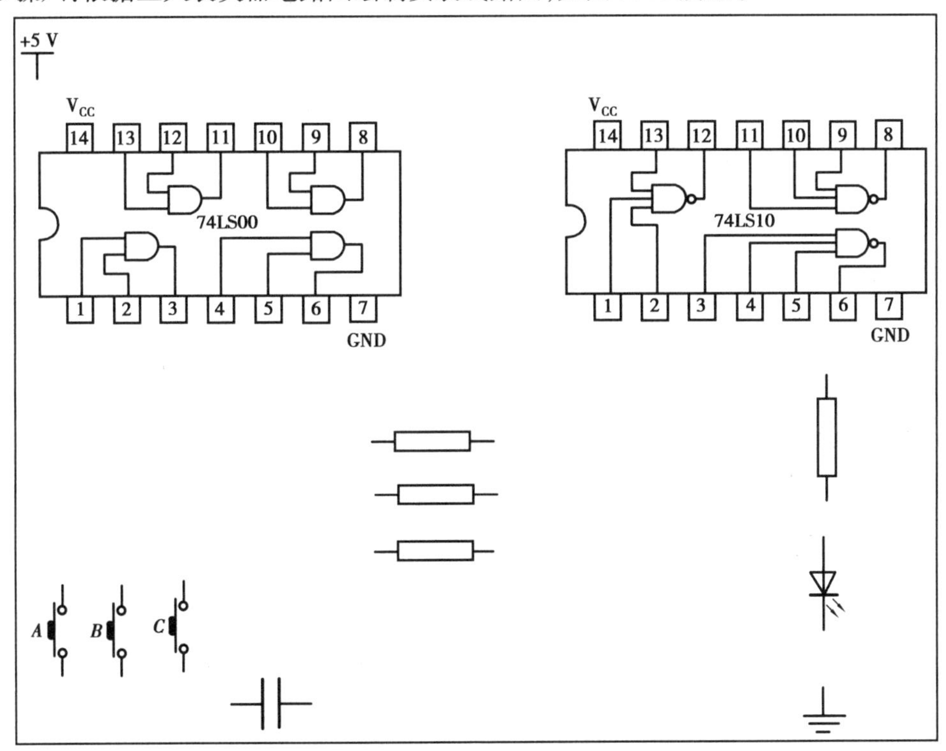

图 3.20　安装线路设计图

步骤七:根据三人表决器安装图进行电路搭建。

安装过程注意:

①必须关闭实验箱工作电源。

②注意集成电路缺口方向和插座方向保持一致。

③插接时注意保护集成电路引脚。

④集成电路工作电源为 5 V 供电。

⑤注意电源的正负极与集成电路一致。

步骤八:验证三人表决器逻辑功能。

根据三人表决器逻辑状态表验证逻辑功能。

思考

①三人表决器的功能是什么?

②能否将与非门作为与门、非门、或门使用?说明如何使用。

【教学评价】

表 3.16　教学评价表

评价项目	项目评价内容	分值	自我评价	小组评价	教师评价	得分
实际操作技能	1. 正确填写真值表	10				
	2. 正确写出逻辑表达式/化简	10				
	3. 三人表决器电路图绘制正确	15				
	4. 正确搭接电路	25				
	5. 功能验证正确	15				
安全文明生产	1. 万用表的安全使用	5				
	2. 元器件的摆放	5				
学习态度	1. 出勤情况	5				
	2. 实验室和课堂纪律	5				
	3. 团队协作精神	5				
总分(100 分)						

项目四
简易电梯呼叫系统

项目描述

在我们周围，有很多数字信息需要显示出来，如电梯、公交车等，本项目制作简易电梯呼叫系统电路(图4.1)，分为3个任务：系统编码电路、系统译码显示电路、系统电路的实现。

图4.1　电梯呼叫系统

【学习目标】

理解编码器的概念，掌握常用编码器的类型、逻辑功能和使用方法；理解译码器的概念和分类，掌握数字显示器件的工作原理以及显示译码器74LS48的逻辑功能和使用方法。

【技能目标】

认识优先编码器74LS148引脚排列和逻辑功能，会使用优先编码器74LS148；能区分共阳和共阴数码管的驱动方式；认识集成芯片74LS48的引脚功能，能在数字逻辑试验箱上搭建译码-显示电路。

【素质目标】

实验过程中安全操作，严格执行实验室"7S"管理要求，培养自身职业素养和劳动习惯，增强团队意识和创新意识。

任务 4.1　系统编码电路

任务目标

1. 理解编码器的概念。
2. 掌握常用编码器的类型、逻辑功能和使用方法。
3. 能利用实验箱测试优先编码器的逻辑功能。

微课：编码器

【任务描述】

编码电路是把某种具有特定意义的输入信号（如数字、字符、控制信号等）编成相应的若干位二进制代码来处理，并且赋予每组代码特定的含义的电路。本任务的实现，需要用优先编码器设计相关电路。

【任务准备】

（1）优先编码器

普通编码器同一时刻只能输入一个信号，否则输出就会发生混乱，这点限制了它的应用。为避免这种情况，可采用优先编码器，其特点是在多个信息同时输入时，只对输入中优先级别最高的信号进行编码。在优先编码器中优先级别高的信号排斥级别低的，即具有单方面排斥的特性。例如，医院里的呼叫系统，根据病情的严重程度来进行处理，如果危重病房与普通病房同时呼叫时，只显示危重病房，类似问题可以由优先编码器来解决，优先级别可由编码者规定。

（2）74LS148 介绍

常用的 8 线 - 3 线优先编码器的集成电路为 74LS148，其管脚图如图 4.2 所示。

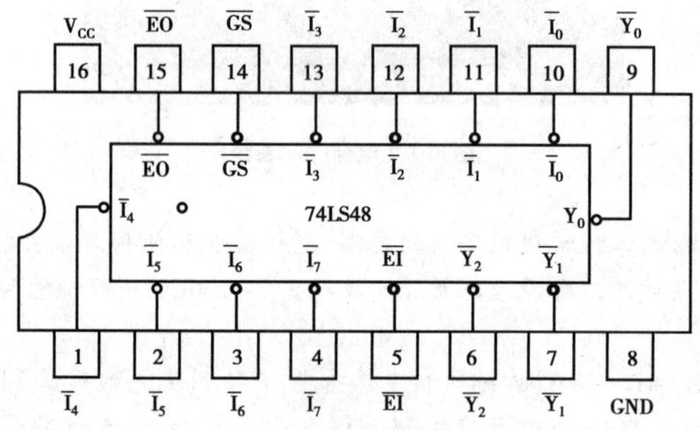

图 4.2　74LS148 管脚图

管脚说明：

$\overline{EI}$：输入使能控制端，低电平有效，$\overline{EI}=1$ 时，禁止编码器编码，输出均为高电平；$\overline{EI}=0$ 时编码器正常编码；

$\overline{EO}$：选通输出端，低电平有效，$\overline{EO}=0$表示编码器正常工作，但是没有编码输出，通常用于编码器的级联；

$\overline{GS}$:扩展输出端,低电平有效,$\overline{GS}=0$ 表示编码器正常工作,而且有编码输出;
$\bar{I}_7 \sim \bar{I}_1$:输入端,低电平有效,I_7 的优先级最高;
$\overline{Y}_2 \sim \overline{Y}_0$:反码输出端,低电平有效。
74LS148 功能表见表4.1。

表4.1　74LS148 功能表

输入									输出				
$\overline{EI}$	$\bar{I}_7$	$\bar{I}_6$	$\bar{I}_5$	$\bar{I}_4$	$\bar{I}_3$	$\bar{I}_2$	$\bar{I}_1$	$\bar{I}_0$	$\overline{Y}_2$	$\overline{Y}_1$	Y_0	$\overline{EO}$	$\overline{GS}$
1	×	×	×	×	×	×	×	×	1	1	1	1	1
0	1	1	1	1	1	1	1	1	1	1	1	0	1
0	0	×	×	×	×	×	×	×	0	0	0	1	0
0	1	0	×	×	×	×	×	×	0	0	1	1	0
0	1	1	0	×	×	×	×	×	0	1	0	1	0
0	1	1	1	0	×	×	×	×	0	1	1	1	0
0	1	1	1	1	0	×	×	×	1	0	0	1	0
0	1	1	1	1	1	0	×	×	1	0	1	1	0
0	1	1	1	1	1	1	0	×	1	1	0	1	0
0	1	1	1	1	1	1	1	0	1	1	1	1	0

【任务实施】

步骤一:电子实训室安全操作规程学习。

①不准穿拖鞋进入实训室。

②严格按照仪器操作规程正确操作仪器。

③实训室内不准使用明火,就座后不得随意来回走动,以免触碰电源、电缆等。

④实训时若发现仪器设备出现故障或异常情况(有异味、冒烟等)时,应立即关闭电源开关,拔掉电源插头,并及时向实训室管理人员报告,实训者不得擅自处理,不报告擅自处理者造成的后果自负。

⑤实训完毕后,关闭设备电源,关好门窗,整理好仪器设备,并打扫卫生。

⑥实训者必须服从实训室工作人员的安排和管理。

⑦实训者未经指导教师同意,不得开启实验台电源。

⑧实训者不得用手触摸 36 V 以上的电源。

⑨未经指导教师同意,不得用实验室仪器仪表测量 220 V 电源。

⑩不得带电进行实训操作。

步骤二:实验设备检查。

实验设备检查见表4.2。

表4.2　实验设备检查

检测内容	使用工具	现象
指针式万用表是否正常	使用目测	
电子元器件盒	开盒检查	
实验台电源检查	目测	
数字电路实验箱检查	开箱检查	
74LS148 管脚检查	目测	

步骤三:74LS148 芯片的检查及功能测试。

①在数字试验箱上找到芯片插座、逻辑开关、LED 指示模块。

②根据如图 4.3 所示线路图接线,注意安全规范操作。

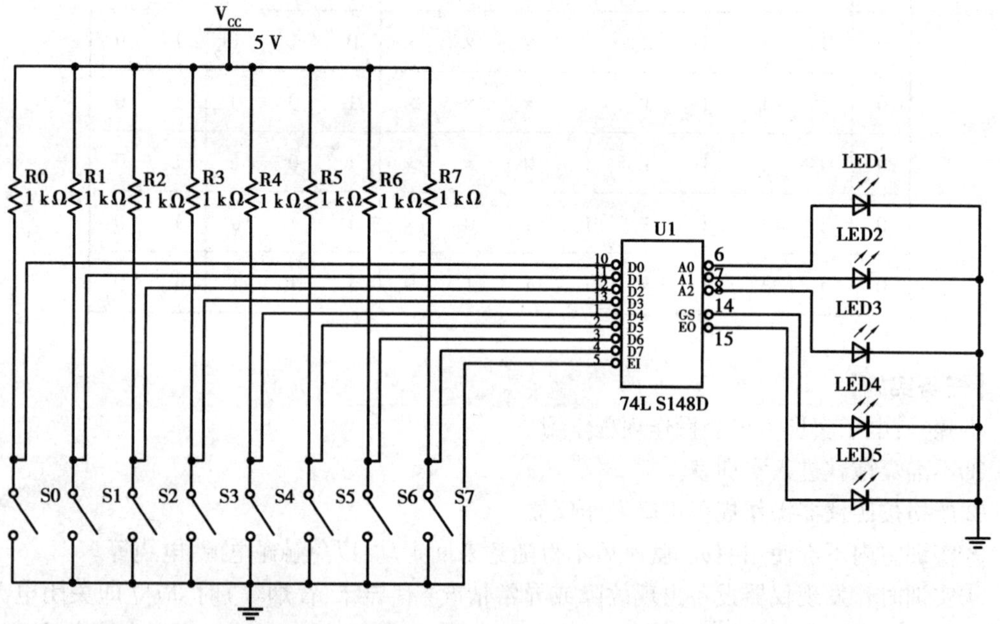

图 4.3　74LS148 芯片功能测试电路

③完成芯片逻辑功能的测试,并总结。

步骤四:编码电路设计与实现。

设计要求:电话室内有 3 部电话,按优先级依次为火警、急救、普通电话,请用优先编码器和逻辑门电路设计并仿真。

①根据设计要求分析逻辑功能。

②根据逻辑功能设置逻辑变量—列出逻辑功能表—得出逻辑电路。

③用软件仿真实现。

④数字电路实验箱验证,并总结。

应用拓展——病房呼叫系统设计。

设计要求:病房内有危重病房、重症病房、普通病房,按优先级依次为危重病房、重症病房、普通病房,请用优先编码器和逻辑门电路设计并仿真。

①根据逻辑功能设置逻辑变量—列出逻辑功能表—得出逻辑电路。

②用软件仿真实现(图4.4)。

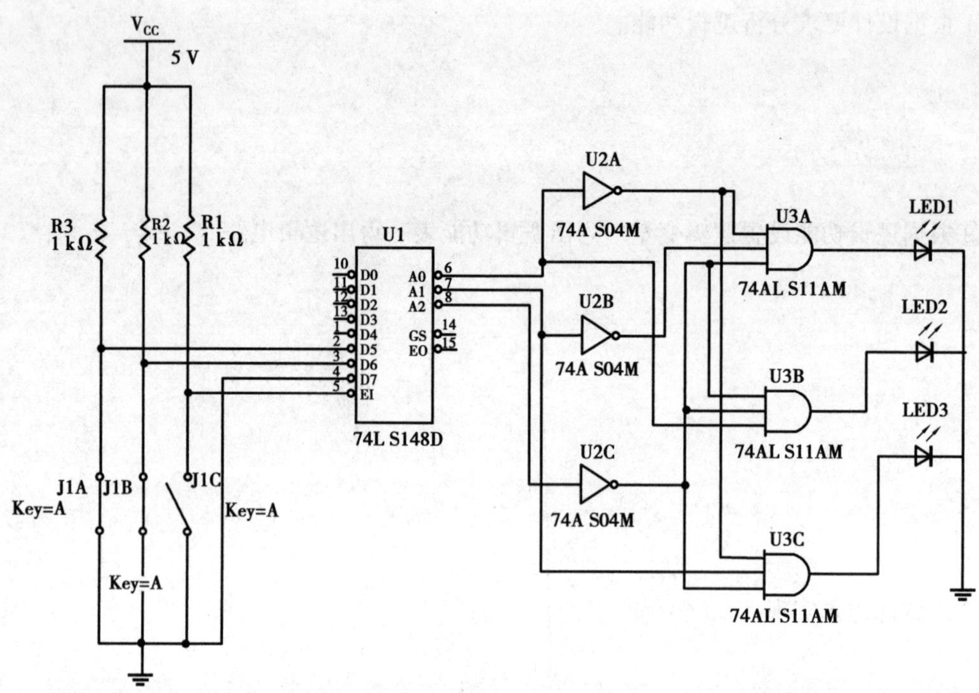

图 4.4　电路图

思考

①优先编码器的逻辑功能是什么?

②总结课程中遇到的困难及解决办法。

知识链接

(1)编码的概念

编码是指将文字、数字、符号等信息用二进制代码表示的过程。能实现编码的电路称为编码器,编码器有普通编码器和优先编码器两种。m 个输出端最多能对 $2m$ 个输入信号编码。

(2)编码器的分类

按特点的不同可分为以下两类:

1)二-十进制编码器

①功能:将十进制的 10 个数字分别编成 4 位 BCD 码。

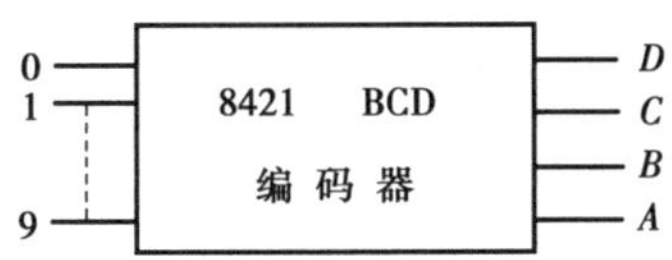

图 4.5　8421BCD 编码器框图

②代表产品：按键式 8421BCD 码编码器如图 4.6 所示。

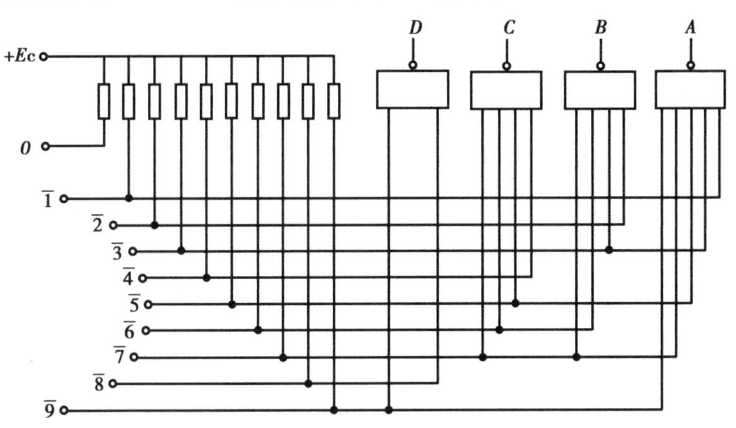

图 4.6　按键式 8421BCD 编码器

③逻辑电路图：

a. 10 个输入端 $I_0 \cdots I_9$：代表十进制的 10 个不同数字，某一时刻只有一个输入有效。

b. 4 个输出端 A、B、C、D：对应输入的 8421 代码。

c. 输出标志端 S：确认按下某一按钮后表示输出有效。

2)优先编码器

①功能：实现优先权管理，即允许多个输入端同时为有效信号，但只对优先级别最高的输入进行编码，产生相应的输出代码。

②代表产品：74LS148(8－3 优先编码器)、T11147(二－十进制优先编码器)。

③逻辑电路图：如图 4.7 所示。

a. 8 个数据输入端 $I_0 \cdots I_7$：代表 8 个输入值。

b. 3 个数据输出端 $QA \cdots QC$：代表输入对应的二进制数。

c. 3 个扩展端：IS 工作状态选择端(允许输入端)；OS 允许输出端；OS 编码群输出端。

(3)普通编码器

普通编码器的特点是任何时刻只允许对一个输入信息进行编码，否则输出就会发生混乱，即任何时刻输入信息中只能有一个为逻辑 1，若同时有两个逻辑 1 输入，编码就会出错。最常用的是 4 线-2 线编码器和 8 线-3 线编码器。

1)4 线-2 线编码器

4 线-2 线编码器是指输入为 4 个信号，输出为 2 位的二进制代码，用 I 表示输入，用 Y 表示输出，真值表见表 4.3。

2)8 线-3 线编码器

8 线-3 线编码器是指输入为 8 个信号，输出为 3 位的二进制代码，用 I 表示输入，用 Y 表示输出，真值表见表 4.4。

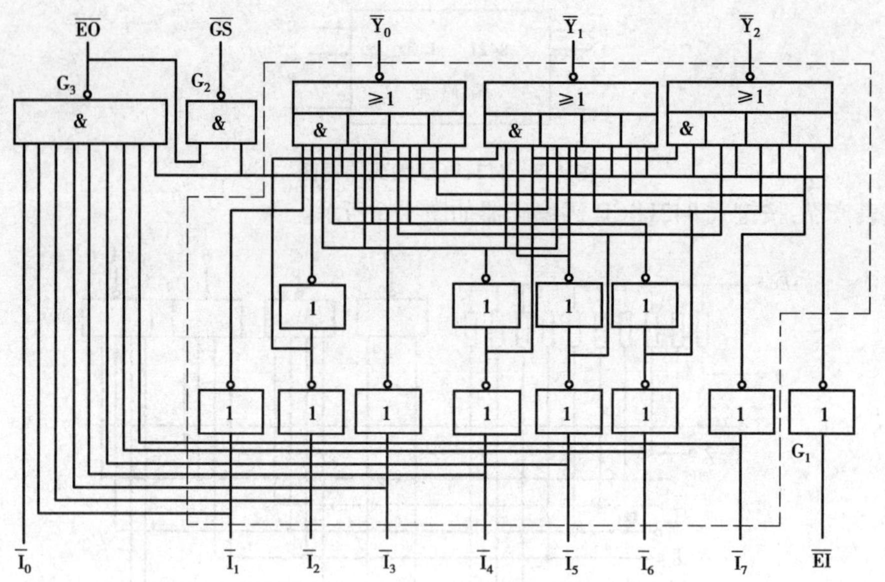

图 4.7　74LS148 逻辑电路图

表 4.3　4 线-2 线编码器真值表

I_3	I_2	I_1	I_0	Y_1	Y_0
0	0	0	1	0	0
0	0	1	0	0	1
0	1	0	0	1	0
1	0	0	0	1	1

表 4.4　8 线-3 线编码器真值表

I_7	I_6	I_5	I_4	I_3	I_2	I_1	I_0	Y_2	Y_1	Y_0
0	0	0	0	0	0	0	1	0	0	0
0	0	0	0	0	0	1	0	0	0	1
0	0	0	0	0	1	0	0	0	1	0
0	0	0	0	1	0	0	1	0	1	1
0	0	0	1	0	0	0	0	1	0	0
0	0	1	0	0	0	0	0	1	0	1
0	1	0	0	0	0	0	0	1	1	0
1	0	0	0	0	0	0	0	1	1	1

【阅读材料】

编码器(encoder)是将信号(如比特流)或数据进行编制、转换为可用以通信、传输和存储的信号形式的设备。编码器把角位移或直线位移转换成电信号，前者称为码盘，后者称为码尺。按照读出方式编码器可以分为接触式和非接触式两类；按照工作原理编码器可以分为增量式和绝对式两类。增量式编码器是将位移转换成周期性的电信号，再把电信号转变成计数脉冲，用脉冲的个数表示位移的大小。绝对式编码器的每一个位置对应一个确定的数字码，它的示值只与测量的起始和终止位置有关，而与测量的中间过程无关。

编码器元件应用领域有功放、音响、调音台、汽车音响、对讲机、电台、鼠标、键盘、示波器、微波炉、电磁炉、洗衣机、空调等。

【教学评价】

表 4.5　教学评价表

评价项目	项目评价内容	分值	自我评价	小组评价	教师评价	得分
仿真操作	正确绘制编码电路图形	20				
实际操作技能	1. 74LS148 芯片的检查及功能测试	20				
	2. 编码电路的实现	20				
小组提问	1. 编码的概念	5				
	2. 优先编码器的逻辑功能	5				
安全文明生产	1. 万用表的安全使用	5				
	2. 元器件的摆放	5				
	3. 实验箱的正确接线及使用	5				
学习态度	1. 出勤情况	5				
	2. 实验室和课堂纪律	5				
	3. 团队协作精神	5				
总分(100 分)						

任务4.2　系统译码显示电路

任务目标

1. 掌握译码器的概念和分类。
2. 掌握数字显示器件的工作原理和显示译码器74LS48的逻辑功能和使用方法。
3. 能在数字逻辑实验箱上搭建译码显示电路。

【任务描述】

微课：显示译码器

七段显示译码器的功能是把BCD二进制代码译成对应数码管的7个字段信号，并驱动数码管，显示出相应的十进制代码。在本任务中以译码器74LS48为例制作0~9一位数字的显示电路。

【任务准备】

(1)半导体数码显示器(LED)

半导体数码显示器(LED)由7段发光二极管组合而成。有0.5寸、1寸等不同的尺寸，LED显示器通常不能做得太小，小尺寸的一般是笔段型的，用于显示仪表中；大型尺寸的一般是点阵型的，用于大型显示屏的制作。其外形图如图4.8(a)所示；如图4.8(b)所示为阴极连在一起接电源负极的为共阴极数码管，阳极接高电平的二极管发光；如图4.8(c)所示为二极管的阳极接在一起接电源的正极的为共阳极数码管，阴极接低电平的二极管发光。LED显示器的优点是工作电压低、体积小、使用寿命长、响应快，颜色丰富，有红、黄、绿等颜色。

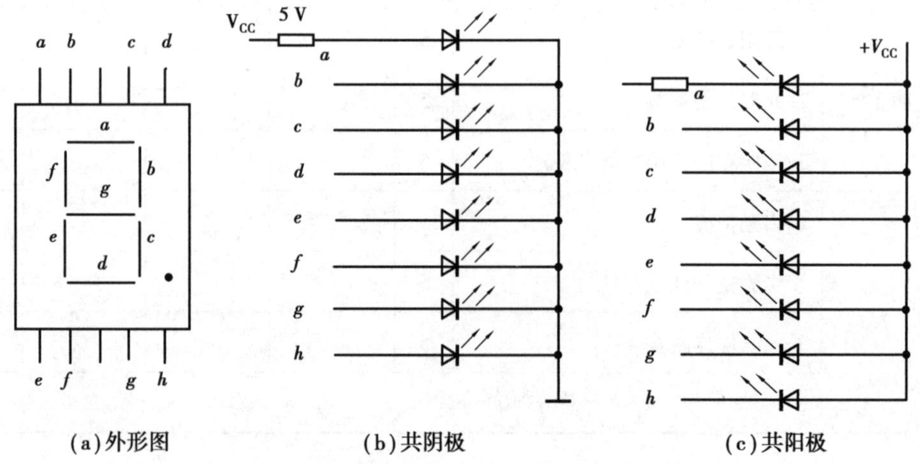

(a)外形图　(b)共阴极　(c)共阳极

图4.8　七段数码管的外形及共阴极、共阳极等效电路图

显示举例(共阴极)：

共阴极接法如图4.8(b)所示，为高电平触发，每一段由发光二极管组成，当输入为1时该段会亮，输入为0时，该段灭。要显示数字“4”就要求各段的输入为“b=c=f=g=1，a=d=e=0”，显示数字“6”时，各段的输入为c=d=e=f=g=1，a=b=0，如图4.9所示。

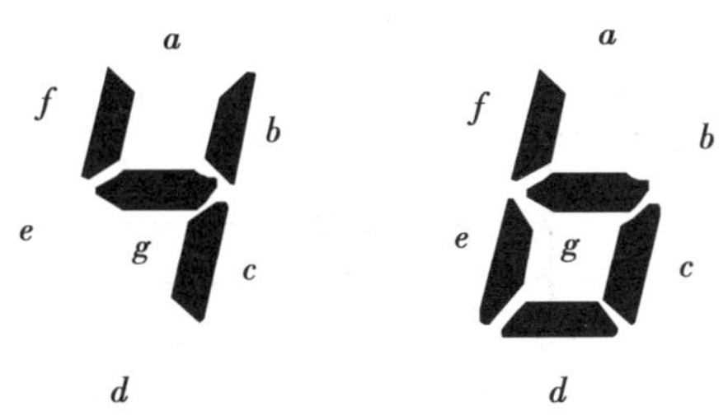

图 4.9　显示举例

(2) 显示译码器

在数字系统中，经常需要把处理的结果直接用十进制的形式显示出来，需要用译码器、驱动器、显示器共同完成。七段显示译码器的功能是把 BCD 二进制代码译成对应数码管的 7 个字段信号，并驱动数码管，显示出相应的十进制代码。显示译码器有很多集成产品，有共阳、共阴接法两种。共阳极中如 7446A/47、A74L46/47 和 74LS47 等，其特点是集电极开路输出直接驱动指示器；试灯输入；前/后沿零灭灯控制；灯光强度调节能力；有效低电平输出；驱动器输出最大电压高，吸收电流大。共阴极中如 7448、74LS48 和 74C48 等，其特点是有效高电平输出；内部有升压电阻无须外部电阻；试灯输入；前/后沿零灭灯控制；有灯光强度调节能力；输出最大电压 5.5 V，吸收电流 6 mA。

共阳极显示译码器 7447 的引脚排列及惯用图形符号如图 4.10 所示。当输入信号 $DCBA$ 为 0000 ~ 1001 时，分别显示 0 ~ 9 数字信号；当输入 1010 ~ 1110 时，显示非数字信号，当输入 1111 时，7 个显示段全暗。

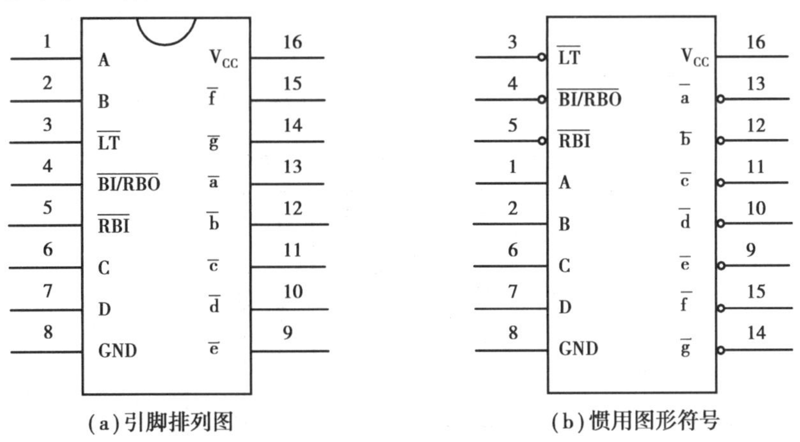

图 4.10　七段显示译码器 7447

7447 译码器与共阳极数码器的连接如图 4.11 所示，图中，R_P 为限流电阻，共阳极结构的数码管需要低电平驱动才能显示。

共阴极数码管的译码电路 74LS48 的引脚与惯用图形符号如图 4.12 所示。共阳极结构的数码管需要高电平驱动才能显示。

与 7446 相比，其主要区别在于它是采用有效高电平输出，其内部有限流电阻，其余功能均相同。当后面接数码管时不需要外接限流电阻，但是 74LS48 拉电流能力小，灌电流能力大，一般都需外接电阻推动数码管，其接线图如图 4.13 所示，74LS48 功能表见表 4.6。

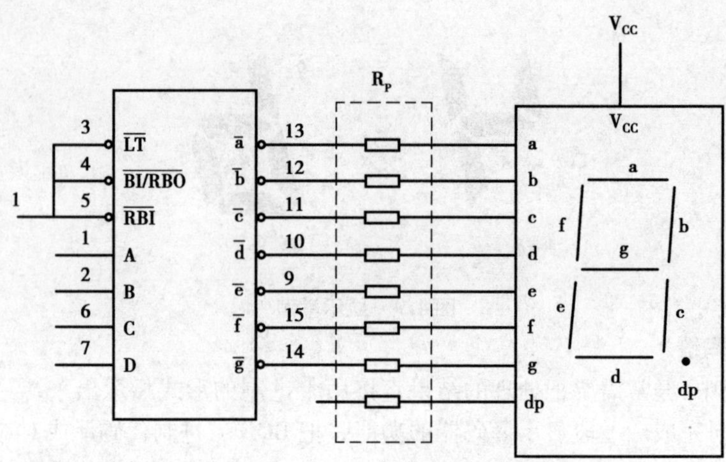

图 4.11　7447 译码器与共阳极数码管的连接

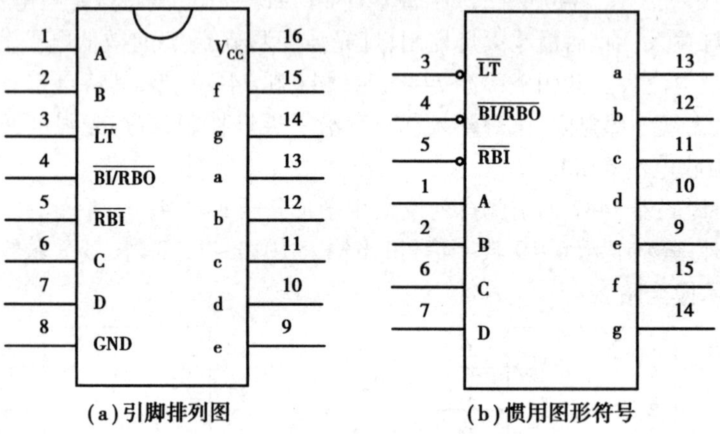

图 4.12　74LS48 引脚与惯用图形符号

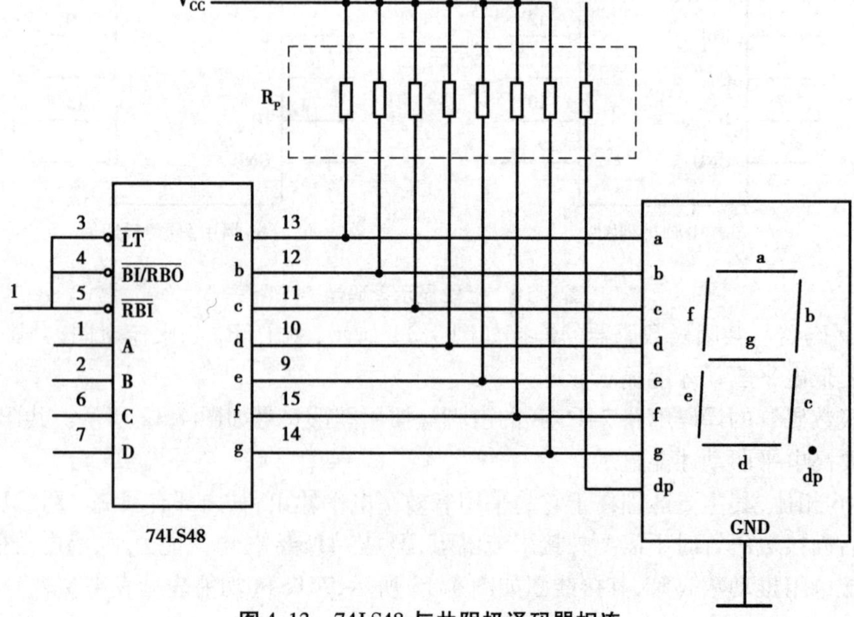

图 4.13　74LS48 与共阴极译码器相连

表 4.6　74LS48 功能表

输入					输出						
数字	A3	A2	A1	A0	Ya	Yb	Yc	Yd	Ye	Yf	Yg
0	0	0	0	0	1	1	1	1	1	1	0
1	0	0	0	1	0	1	1	0	0	0	0
2	0	0	1	0	1	1	0	1	1	0	1
3	0	0	1	1	1	1	1	1	0	0	1
4	0	1	0	0	0	1	1	0	1	1	1
5	0	1	0	1	1	0	1	1	0	1	1
6	0	1	1	0	0	0	1	1	1	1	1
7	0	1	1	1	1	1	1	0	0	0	0
8	1	0	0	0	1	1	1	1	1	1	1
9	1	0	0	1	1	1	1	0	0	1	1

【任务实施】

步骤一:电子实训室安全操作规程学习。

①不准穿拖鞋进入实训室。

②严格按照仪器操作规程正确操作仪器。

③实训室内不准使用明火,就座后不得随意来回走动,以免触碰电源、电缆等。

④实训时若发现仪器设备出现故障或异常情况(有异味、冒烟等)时,应立即关闭电源开关,拔掉电源插头,并及时向实训室管理人员报告,实训者不得擅自处理,不报告擅自处理者造成的后果自负。

⑤实训完毕后,关闭设备电源,关好门窗,整理好仪器设备,并打扫卫生。

⑥实训者必须服从实训室工作人员的安排和管理。

⑦实训者未经指导教师同意,不得开启实验台电源。

⑧实训者不得用手触摸 36 V 以上的电源。

⑨未经指导教师同意,不得用实验室仪器仪表测量 220 V 电源。

⑩不得带电进行实训操作。

步骤二:实验设备检查。

实验设备检查见表 4.7。

表 4.7　实验设备检查

检测内容	使用工具	现象
指针式万用表是否正常	使用目测	
电子元器件盒	开盒检查	

续表

检测内容	使用工具	现象
实验台电源检查	目测	
数字电路实验箱检查	开箱检查	
74LS48 管脚检查	目测	

步骤三:74LS48 功能测试。

①利用仿真软件完成如图 4.14 所示线路图绘制。

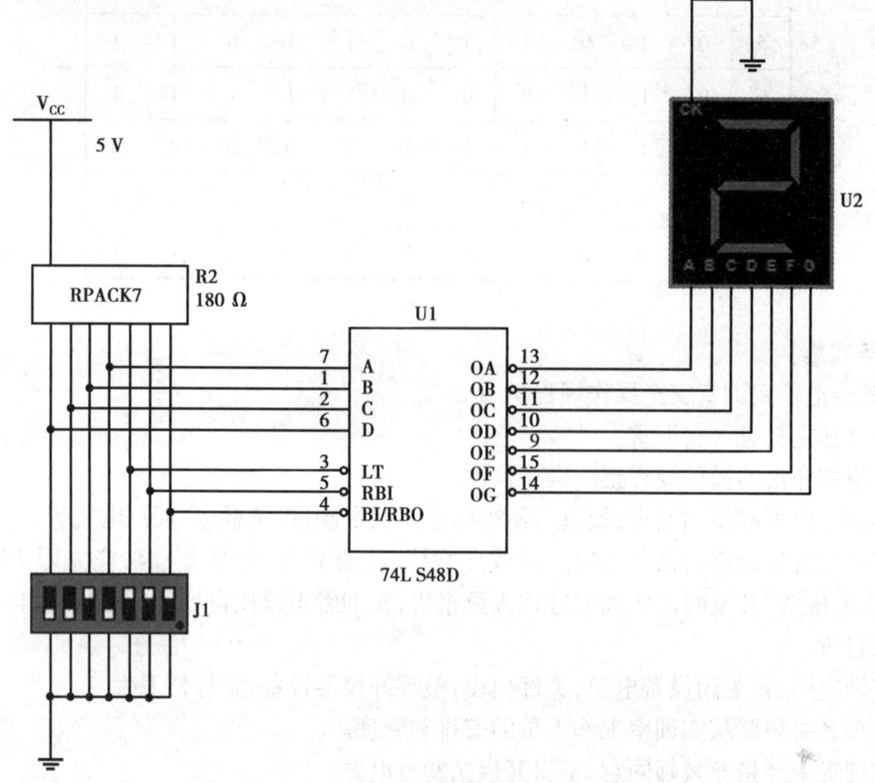

图 4.14　显示译码器电路图

②完成芯片逻辑功能的测试,并总结结论,填入表 4.8 中。

表 4.8　测试结果

输入		输出	字形
数字			
0			
1			
2			

续表

输入		输出	字形
3			
4			
5			
6			
7			
8			
9			

步骤四:显示译码电路的实现。

①在数字实验箱上找到芯片插座、逻辑开关,选择芯片底座模块,正确插接芯片。

②根据线路图接线,注意安全规范操作,并得出实验结论。

应用拓展——三人抢答器电路设计。

①利用软件仿真绘制电路图。

②工作过程简要分析,并得出结论。

思考

①译码的概念是什么?

②74LS48 的逻辑功能是什么?

③总结课程中遇到的困难及解决办法。

知识链接

(1)译码器

译码是指将二进制代码或二-十进制代码,还原为它原来所代表的字符的过程,能实现译码操作的电路称为译码电路或译码器。译码是编码的逆过程,译码器是一个多输入、多输出电路,它的输入是二进制代码或二-十进制代码,输出是代码所代表的字符。译码器分为 3 类:二进制译码器、二-十进制译码器和显示译码器。数据从计算机主机到显示器的过程就是译码的过程,就需要译码器。

(2)常用译码器

1)二进制译码器

二进制译码器是指将输入二进制代码"翻译"成为原来对应信息的组合逻辑电路。它有 n 个输入端,m 个输出端。一般称为 n 线 $-$ m 线译码器,且对应输入代码的每一种状态,$2n$ 个输出中只有一个为 1(或为 0),其余全为 0(或为 1)。如图 4.15 所示为 3 线 $-$ 8 线译码器 74LS138 的引脚排列及惯用图形符号,74LS138 的逻辑功能表见表 4.9。

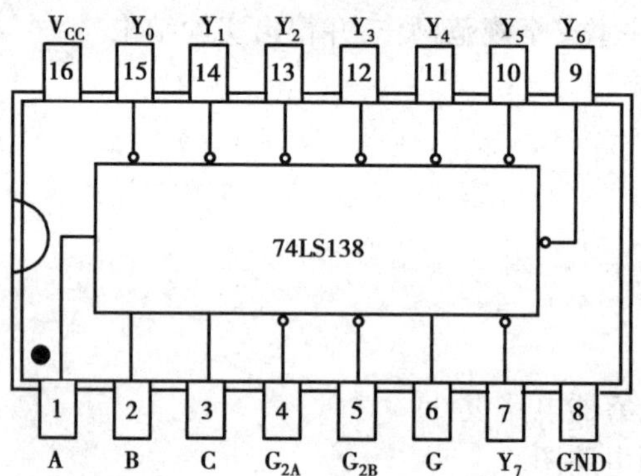

图 4.15 3 线 -8 线译码器 74LS138

译码器 74LS138 功能验证

表 4.9 74LS138 逻辑功能表

输入					输出							
G_1	$\overline{G}_2$	A_2	A_1	A_0	$\overline{Y}_7$	$\overline{Y}_6$	$\overline{Y}_5$	$\overline{Y}_4$	$\overline{Y}_3$	$\overline{Y}_2$	$\overline{Y}_1$	$\overline{Y}_0$
×	1	×	×	×	1	1	1	1	1	1	1	1
0	×	×	×	×	1	1	1	1	1	1	1	1
1	0	0	0	0	1	1	1	1	1	1	1	0
1	0	0	0	1	1	1	1	1	1	1	0	1

续表

输入					输出							
G_1	$\overline{G}_2$	A_2	A_1	A_0	$\overline{Y}_7$	$\overline{Y}_6$	$\overline{Y}_5$	$\overline{Y}_4$	$\overline{Y}_3$	$\overline{Y}_2$	$\overline{Y}_1$	$\overline{Y}_0$
1	0	0	1	0	1	1	1	1	1	0	1	1
1	0	0	1	1	1	1	1	1	0	1	1	1
1	0	1	0	0	1	1	1	0	1	1	1	1
1	0	1	0	1	1	1	0	1	1	1	1	1
1	0	1	1	0	1	0	1	1	1	1	1	1
1	0	1	1	1	0	1	1	1	1	1	1	1

2）二-十进制译码器

把二-十进制代码翻译成10个十进制数字信号的电路称为二-十进制译码器，也称为BCD译码器。二-十进制译码器如图4.16所示，它有4个输入端，10个输出端，输入是十进制数的4位二进制编码（BCD码），分别用A、B、C、D表示；输出的是与10个十进制数字相对应的10个信号，用$\overline{Y}_0 \sim \overline{Y}_9$表示，低电平有效。二-十进制译码器有4根输入线，10根输出线，又称为4线-10线译码器。

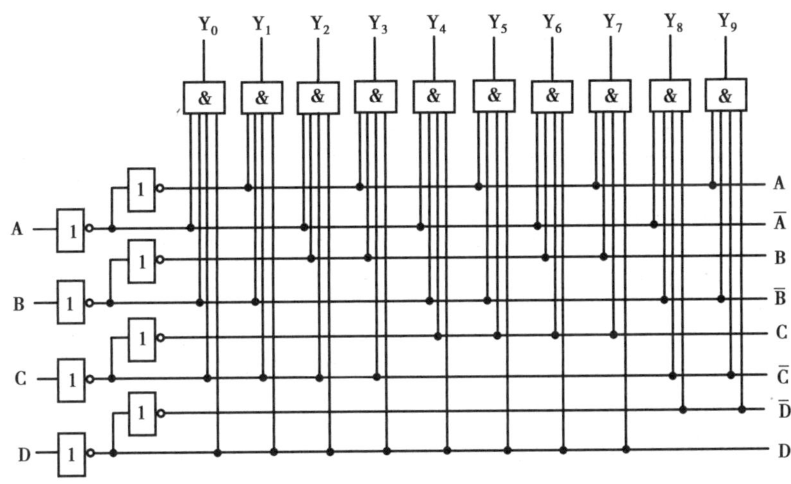

图4.16　二-十进制译码器

（3）显示电路的作用及分类

1）作用

显示电路是一种把信号（数字、字母或符号）直接显示出来的电路，如洗衣机、电梯、公交车等的显示电路，在本任务中设计的是一位十进制数的显示电路，通常由数码显示器来完成。

2）分类

数码显示电路按发光物质分为半导体显示器（又称发光二极管LED显示器）、荧光显示器、液晶显示器（LCD）、气体放电管显示器等。

(4)显示电路介绍

目前广泛使用的显示器件是七段数码显示器,由 $a \sim g$ 等 7 段可发光的线段拼合而成,通过控制各段的亮与灭,可以显示不同的字符或数字,常见的七段数码显示器为半导体数码显示器(LED)和液晶显示器(LCD)两种。

液晶显示器中的液态晶体材料是一种有机化合物,在常温下既有液体特性,又有晶体特性。利用液晶在电场作用下产生光的散射或偏光作用原理,便可实现数字显示。

【阅读材料】

在数字电路中,译码器(如 n 线-2n 线 BCD 译码器)可以担任多输入多输出逻辑门的角色,能将已编码的输入转换成已编码的输出,这里输入和输出的编码是不同的。输入使能信号必须接在译码器上使其正常工作,否则输出将会是一个无效的码字。译码在多路复用、七段数码管和内存地址译码等应用中是必要的。

译码器可以由与门或与非门来负责输出。若使用与门,当所有的输入均为高电平时,输出才为高电平,这样的输出称为“高电平有效”的输出;若使用与非门,则当所有的输入均为高电平时,输出才为低电平,这样的输出称为“低电平有效”的输出。

【教学评价】

表 4.10　教学评价表

评价项目	项目评价内容	分值	自我评价	小组评价	教师评价	得分
仿真操作	正确绘制译码显示图形	20				
实际操作技能	1. 74LS48 功能测试	20				
	2. 译码显示电路的实现	20				
小组提问	1. 译码的概念	5				
	2. 74LS48 器的逻辑功能	5				
安全文明生产	1. 万用表的安全使用	5				
	2. 元器件的摆放	5				
	3. 实验箱的正确接线及使用	5				
学习态度	1. 出勤情况	5				
	2. 实验室和课堂纪律	5				
	3. 团队协作精神	5				
总分(100 分)						

任务4.3　系统电路的实现

任务目标

能利用优先编码器、译码显示器实现简易电梯呼叫系统。

【任务描述】

电梯呼叫系统关系电梯的安全、稳定运行，本任务的实现，利用优先编码器、译码显示器实现简易电梯呼叫系统。

【任务实施】

步骤一：电子实训室安全操作规程学习。

①不准穿拖鞋进入实训室。

②严格按照仪器操作规程正确操作仪器。

③实训室内不准使用明火，就座后不得随意来回走动，以免触碰电源、电缆等。

④实训时若发现仪器设备出现故障或异常情况（有异味、冒烟等）时，应立即关闭电源开关，拔掉电源插头，并及时向实训室管理人员报告，实训者不得擅自处理，不报告擅自处理者造成的后果自负。

⑤实训完毕后，关闭设备电源，关好门窗，整理好仪器设备，并打扫卫生。

⑥实训者必须服从实训室工作人员的安排和管理。

⑦实训者未经指导教师同意，不得开启实验台电源。

⑧实训者不得用手触摸36 V以上的电源。

⑨未经指导教师同意，不得用实验室仪器仪表测量220 V电源。

⑩不得带电进行实训操作。

步骤二：实验设备选择。

将选择的实验设备填入表4.11中。

表4.11　实验设备选择

序号	设备名称及型号	数量
1		
2		
3		
4		
5		
6		
7		

步骤三:实验设备检查。

实验设备检查见表4.12。

表4.12 实验设备检查

检测内容	使用工具	现象
指针式万用表是否正常	使用目测	
电子元器件盒	开盒检查	
实验台电源检查	目测	
数字电路实验箱检查	开箱检查	
优先编码器芯片管脚检查	目测	
译码显示器芯片管脚检查	目测	

步骤四:电梯呼叫系统设计与实现。

设计思路:逻辑电平→优先编码→译码驱动→数码显示。

①感受电梯的操作控制,并根据简易电梯呼叫系统电路的演示,分析出其逻辑功能。

②用电路仿真设计。

③用软件仿真实现。

应用拓展——自行设计编码译码显示的应用电路。

①画出电路原理图。

②简述其工作过程。

思考

①想一想编码译码显示在生活中还有哪些应用?

②找一找还有哪些形式的译码显示电路(如 BCD 码等)?

③总结课程中遇到的困难。

【教学评价】

表 4.13　教学评价表

评价项目	项目评价内容	分值	自我评价	小组评价	教师评价	得分
仿真操作	正确绘制编码电路图形	20				
实际操作技能	1. 集成芯片的检查及功能测试	15				
	2. 简易电梯呼叫系统电路的实现	20				
小组提问	1. 设计的思路	5				
	2. 编码译码显示在生活中的应用	5				
	3. 其他形式的译码显示电路	5				
安全文明生产	1. 万用表的安全使用	5				
	2. 元器件的摆放	5				
	3. 实验箱的正确接线及使用	5				
学习态度	1. 出勤情况	5				
	2. 实验室和课堂纪律	5				
	3. 团队协作精神	5				
总分(100)						

项目五
三路抢答器的制作

项目描述

在知识竞赛等活动中抢答器应用非常广泛。当主持人按下抢答开关,允许参赛者开始抢答;参赛者抢答成功,蜂鸣器立即发出声音报告,同时,该路信号灯亮,而其他参赛者即使按下抢答按钮也无反应。主持人按下计时开关,抢答者计时开始,计时器动态显示回答所用时间,计时时间到,发出声音报警,同时计时时间停止,参赛者回答时间到,如图 5.1 所示。

图 5.1　三路抢答器

【学习目标】

1. 掌握 RS 触发器、JK 触发器及 D 触发器的逻辑图、逻辑符号及真值表。
2. 了解寄存器的种类、功能及特性。
3. 掌握二进制加法计数器的组成结构及原理。
4. 了解 555 电路构成的单稳态电路、多谐振荡器和施密特触发器的工作原理。
5. 熟悉集成芯片 74LS279、74LS160、555 电路的管脚排列及逻辑功能。

【技能目标】

1. 能对三路抢答器的输入逻辑电路进行分析和设计。
2. 能够用 74LS160 实现 10 s 和 30 s 的计时。
3. 能用门电路组成环形振荡器,实现秒脉冲发生器。
4. 能够正确安装和调试一台三路抢答器。

【素质目标】

1. 通过分组教学,培养学生团结协作的能力。
2. 通过三路抢答器电路的分析和设计,锻炼学生对电子线路的设计意识。
3. 通过动手实践,增强学生环保节约意识,以培养学生精益求精的工匠精神。

任务5.1　抢答逻辑判断电路安装与调试

任务目标

1. 掌握RS触发器、JK触发器及D触发器的逻辑图、逻辑符号及真值表。
2. 熟悉集成触发器74LS279的管脚排列及逻辑功能。
3. 能够分析三路抢答器抢答逻辑判断电路的工作原理。
4. 能够正确安装和调试抢答逻辑判断电路。

【任务描述】

在抢答过程中，主持人发出抢答信号，参赛者开始抢答；参赛者抢答成功，蜂鸣器立即发出声音报告，同时，该路信号灯亮，而其他参赛者即使按下抢答按钮也无反应。

【任务准备】

(1)基本RS触发器

双稳态触发器必须具备两个基本的特点；一是具有两个能自行保持的稳定状态，用来表示二进制信号的0或1；二是不同的输入信号可以将触发器置成0或1的状态。双稳态触发器有RS触发器、JK触发器和D触发器等类型。

1)电路结构

基本RS触发器的电路结构如图5.2(a)所示，它由两个与非门交叉直接耦合组成，且这种交叉直接耦合形成闭环的正反馈，使与非门的两个输出端Q和$\overline{Q}$有稳定的输出信号1和0。

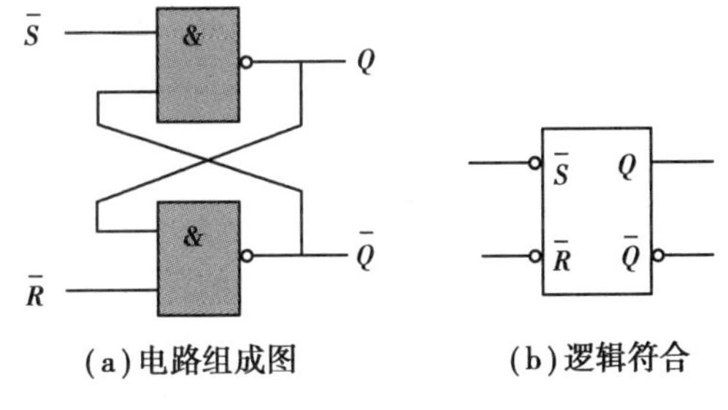

(a)电路组成图　(b)逻辑符合

图5.2　基本RS触发器

在如图5.2(a)电路中，$\overline{S}$和$\overline{R}$是触发器的输入端，输入信号是负脉冲才能改变电路的状态，输入端$\overline{R}$称为置“0”端或复位端，$\overline{S}$端称为置“1”端或置位端。Q和$\overline{Q}$是触发器的两个输出端，且Q和$\overline{Q}$的状态总是相反的，即Q为0时$\overline{Q}$就为1，或$\overline{Q}$为0时Q就为1。习惯规定，触发器的输出端Q的状态代表触发器的输出状态。即当触发器的输出端Q为高电平信号1时，称触发器的状态为1；当触发器的输出端Q为低电平信号0时，称触发器的状态为0。把触发器接收信号之前所处的状态称为现态，用Q^n和$\overline{Q^n}$表示；把触发器接收信号之后所处的状态称为次态，用Q^{n+1}和$\overline{Q^{n+1}}$表示。反映次态Q^n和现态Q^n与$\overline{R}$、$\overline{S}$之间对应关系的表格称为真值表，见表5.1。

表5.1　真值表

$\overline{S}$	$\overline{R}$	Q^n	Q^{n+1}	功能
0	0	0	不定	不可用
		1	不定	

续表

$\overline{S}$	$\overline{R}$	Q^n	Q^{n+1}	功能
0	1	0 1	0 0	置 0(复位)
1	0	0 1	1 1	置 1(置位)
1	1	0 1	0 1	Q^n 保持

2)工作原理

结合图 5.2(a)所示电路,分析基本 RS 触发器的工作原理。

①当输入变量 $\overline{R}=0$、$\overline{S}=1$ 时,不管现态 Q^n 是 1 还是 0,因 $\overline{R}$ 端所在的与非门遵守“有 0 出 1”的逻辑关系,故 $\overline{Q^{n+1}}=1$,该信号与 $\overline{S}=1$ 信号与非的结果使次态 Q^{n+1} 都等于 0。触发器的这个动作过程称**为置 0 或复位**,触发器的输入端 $\overline{R}$ **称为复位端**。

②当输入变量 $\overline{R}=1$、$\overline{S}=0$ 时,不管现态 Q^n 是 1 还是 0,次态 Q^{n+1} 都等于 1。触发器的这个动作过程称**为置 1 或置位**,触发器的输入端 $\overline{S}$ **称为置位端**。

③当输入变量 $\overline{R}=1$、$\overline{S}=1$ 时,触发器的次态 Q^{n+1} 等于现态 Q^n,触发器的这个动作过程称为**记忆**。因触发器具备记忆的功能,故触发器在数字电路中作为记忆元件来使用。

④当输入变量 $\overline{R}=0$、$\overline{S}=0$ 时,不管现态 Q^n 是 1 还是 0,次态 Q^{n+1} 和 $\overline{Q^{n+1}}$ 同时都为 1。该状态既不是触发器定义的状态 1,也不是规定的状态 0,且当 $\overline{R}$ 和 $\overline{S}$ 同时变为 1 以后,无法断定触发器是处在 1 的状态还是处在 0 的状态。

为了区别于稳定的状态 1,用符号“1*”来表示。这种状态是触发器工作的非正常状态,是不允许出现的。

从上述分析可知,基本 RS 触发器具 3 个逻辑功能,即置“0”、置“1”和保持。其逻辑符号如图 5.2(b)所示,真值表见表 5.1。基本 RS 触发器的逻辑时序图如图 5.3 所示。

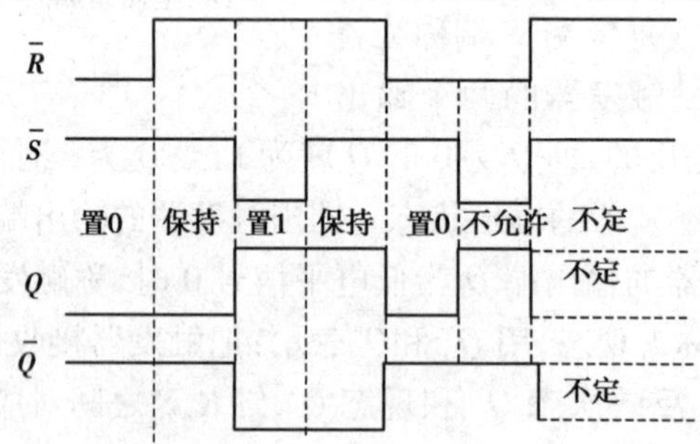

图 5.3　基本 RS 触发器时序图

(2)认识集成触发器 74LS279

根据触发器的工作特点,在实际应用中,基本 RS 触发器常用来当锁存器使用。以集成 RS 触发器 74LS279 为例认识其应用。

1)认识 74LS279

集成 74LS279 逻辑符号及引脚排列图如图 5.4 所示。从逻辑符号可知,该集成电路是由

4 组 $\overline{R}$-$\overline{S}$ 锁存器组成，其逻辑真值表见表 5.1。

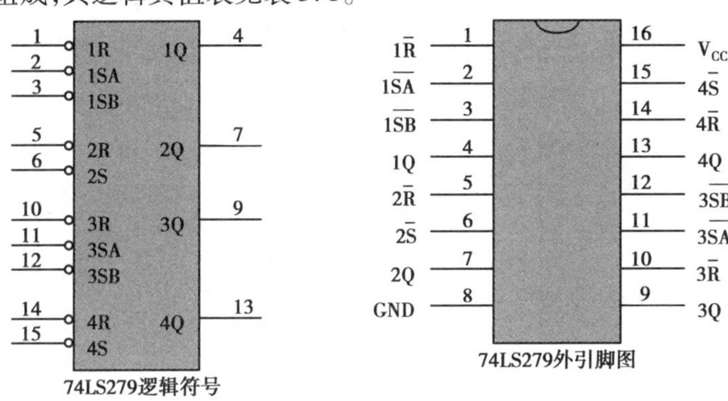

图 5.4　**集成触发器** 74LS279

2)74LS279 的应用

用锁存器可以实现三路抢答器的抢答逻辑判断和信号的锁存。三路抢答器的抢答逻辑判断电路如图 5.5 所示。

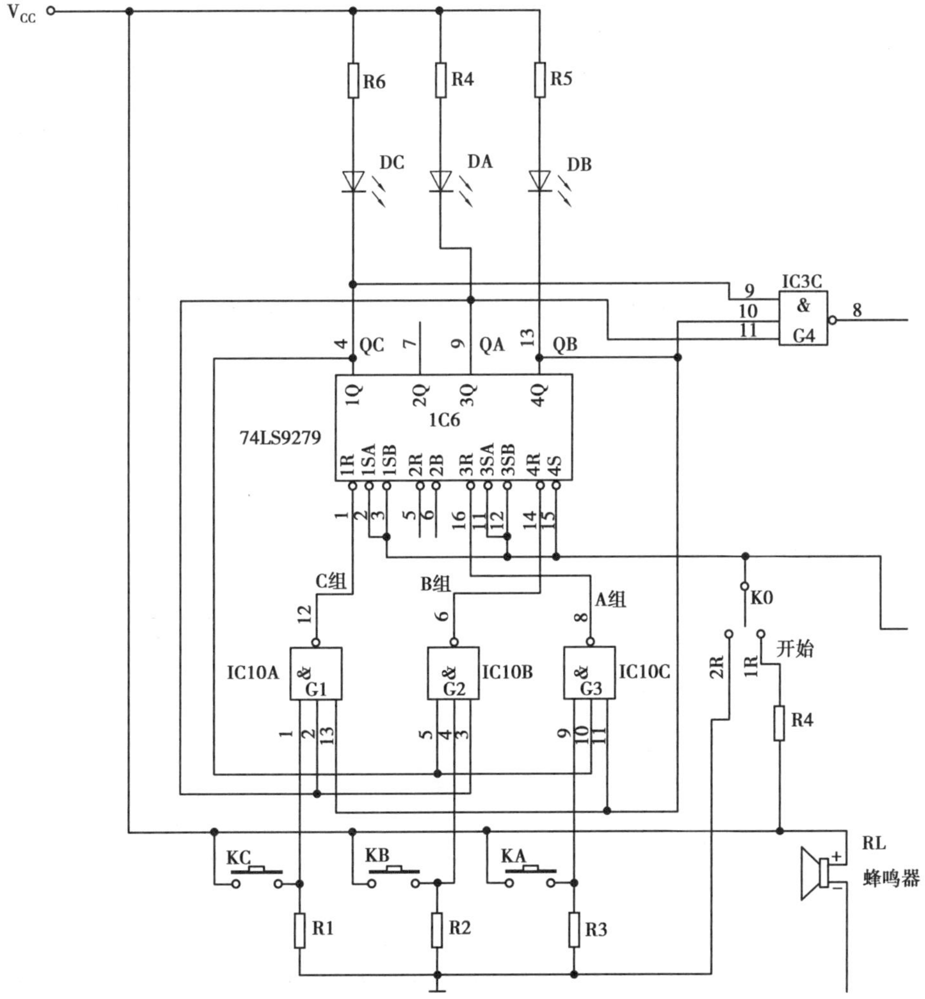

图 5.5　**三路抢答器的抢答逻辑判断电路**

其中 K_A、K_B、K_C 是三路抢答开关，K_0 是一个单刀双掷开关，起着清零和计时控制两个作用。G1、G2、G3 是 3 个三输入的与非门，用集成芯片 74LS10 来实现。74LS10 的逻辑符号和引脚排列如图 5.6 所示。

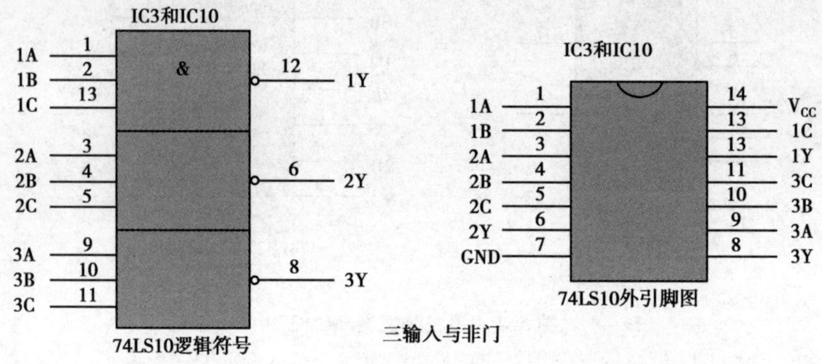

图 5.6　74LS10 的逻辑符号和引脚排列图

①抢答前准备——清零。

置位/清零开关 K_0 扳至“0”位，$\overline{S_D}=0$，所有基本 R-SFF 被置 1。$QA=QB=QC=1$，$\overline{R_D}=G1=G2=G3=1$，$G4=0$，$DA$、$DB$、$DC$ 不亮。

②开始抢答。

置位/清零开关 K_0 扳至“1”位，$\overline{S_D}=1$，$\overline{R_D}=1$，所有基本 R-SFF 保持原状态（$QA=QB=QC=1$）。

假设抢答开关 K_A 抢先按下，$G1=0$，即 A 组的$\overline{R_D}=0$，$QA=0$，DA 亮，表示 A 组抢答成功。$G4=1$。

同时，$QA=0$ 封锁了 $G2$ 和 $G3$，使抢答开关 K_B、K_C 按下无效，QB、$QC=1$。

【任务实施】

步骤一：回顾芯片 74LS279 的逻辑功能。

①写出基本 RS 触发器的真值表。

②画出基本 RS 触发器逻辑符号。

步骤二：实验设备检查。

实验设备检查见表 5.2。

表 5.2　实验设备检查

检测内容	使用工具	现象
实验箱数码显示是否正常	开机目测	
数电实验箱电源	万用表	
导线是否完好	万用表	
逻辑开关状态是否完好	万用表或导线	

步骤三：芯片 74LS279 的认识。

观察 74LS279 芯片实物图（图 5.7），写出芯片的管脚号，填写在表 5.3 中。

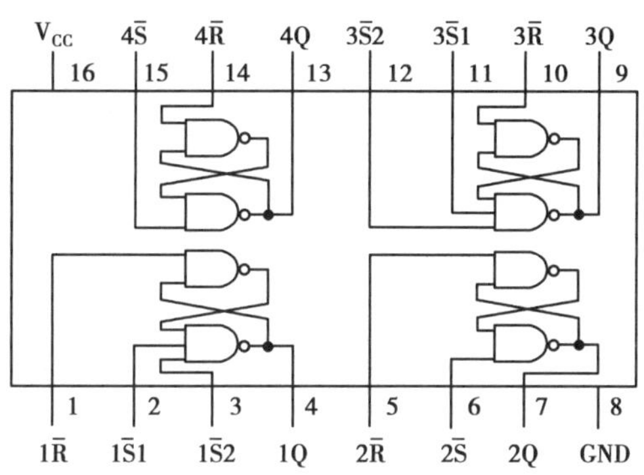

图 5.7　74LS279 芯片引脚图

表 5.3　测试结果

组号	输入	输出
第一组		
第二组		
第三组		
第四组		
电源(V_{CC})		
地(GND)		

步骤四:基本 RS 逻辑功能测试。

①电源与地:请将电源引脚 16 接高电平(V_{CC}),接地引脚 8 号接地(GND)。

②任选一组 RS 触发器按要求进行接线,并完成表 5.4、表 5.5。

表 5.4　测试结果

输入		输出
低	低	
低	高	
高	低	
高	高	

表 5.5　测试结果

输入		输出
$\overline{R}$	$\overline{S}$	Q
0	0	
0	1	
1	0	
1	1	

应用拓展——RS 触发器实现抢答器的抢答逻辑判断。

(1)列出电路元器件清单

将电路元器件清单列入表 5.6 中。

表 5.6　电路元器件清单

序号	名称	型号	数量	作用
1	$\overline{R}$-$\overline{S}$ 锁存器	74LS279	1	抢答信号锁存

(2)用万用表测试元器件的好坏

①LED 发光二极管的测试,见表 5.7。

表 5.7　LED 发光二极管的测试

测试方法	测试结果
目测法观察发光二极管的引脚正、负	
万用表测试正、反向电阻,正、反向电阻值相差越大,说明二极管的单向导电性越好	
用万用表 10 kΩ 挡测试	

②用万用表欧姆挡测试开关、按钮的好坏。

③集成芯片 74LS279 的测试(已完成)。

④集成芯片 74LS10 的测试。

按照 74LS279 的测试方法,依次测试 3 组与非门的逻辑功能,从而验证 74LS10 的好坏。

(3)按照图 5.8 所示电路在印制电路板上安装和接线

图 5.8

(4)完成电路的功能调试

①先将抢答器的电源接在直流 5 V 的电源上,接通电源。

②需先按下"K_0",进行"复位"。

③当需要抢答和计时的时候,需要将"K_0"按起,开始计时,此时可以进行抢答,按下"K_A""K_B""K_C"进行抢答,抢答成功则对应的发光二极管点亮,同时蜂鸣器发出声音,此时其余两个按钮均不起作用。

思考

①74LS279 芯片能提供几组基本 RS 触发器?基本 RS 触发器逻辑功能是否得到验证?

②小结本次课程中遇到的问题。

③如何实现三路抢答器的抢答信号逻辑判断?

知识链接

双稳态触发器

组合逻辑电路的特点是任一时刻的输出信号只由输入信号决定,一旦输入信号消失,输出信号随之消失,没有存储或记忆性。双稳态触发器和时序逻辑电路则具有记忆功能,即电路的输出信号不仅与输入信号有关,还与电路原来的状态有关,电路输入信号消失,其输出信号的状态仍能保留,实现信息的存储。在计算机技术、自动控制技术、自动检测技术中,触发器和时序逻辑电路得到了广泛的应用。

双稳态触发器是组成时序逻辑电路的基本单元电路。双稳态触发器必须具备两个基本特点:一是具有两个能自行保持的稳定状态,用来表示二进制信号的 0 或 1;二是不同的输入信号可以将触发器置成 0 或 1 的状态。双稳态触发器有 RS 触发器、JK 触发器和 D 触发器等类型。

基本 RS 触发器的输入信号直接加在输出门电路的输入端,在输入信号存在期间,触发器的输出状态 Q 直接受输入信号的控制,基本 RS 触发器又称为直接复位、置位触发器。直接复位、置位触发器不仅抗干扰能力差,而且不能实施多个触发器的同步工作。为了解决多个触发器同步工作的问题,发明了同步触发器。

在触发器的输入端引入脉冲方波信号作为同步控制信号,通常称为时钟脉冲或时钟信号,简称时钟,用字母 CP(Clock Pulse)来表示,也称为 CP 控制端。

(1)主从 RS 触发器

1)电路结构

主从 RS 触发器内部由两个可控 RS 触发器和一个非门组成,电路如图 5.9(a)所示。非门 G_9 的作用是使从触发器在 CP 下降沿到来时才翻转。R、S 是触发器的信号输入端,从触发器的输出端 Q 和 $\overline{Q}$ 是主从 RS 触发器的输出端。

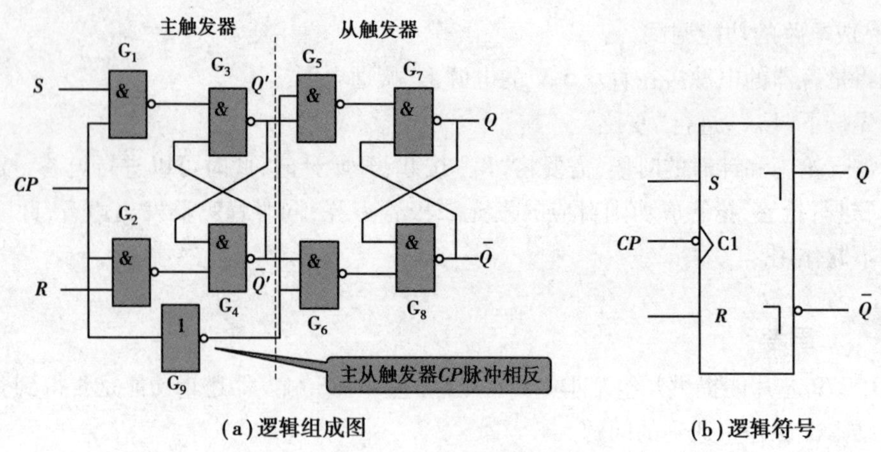

图 5.9　主从 RS 触发器逻辑电路图

2)工作原理

结合图 5.9(a)所示电路,在 *CP* 信号为高电平 1 时,主触发器的输入控制门 G_1 和 G_2 打开,输入的 *RS* 信号可以使主触发器的输出状态发生变化。因为从触发器的输入控制门是低电平受限的,所以从触发器的输入控制门 G_5 和 G_6 关闭,主触发器的输出信号 Q' 和 $\overline{Q'}$ 不能输入从触发器,不能使从触发器的状态发生变化,从触发器保持原态。

当 *CP* 信号从高电平 1 跳变到低电平 0 时,*CP* 信号将产生一个脉冲下降沿信号。当脉冲下降沿信号到来以后,主触发器的输入控制门 G_1 和 G_2 关闭,*RS* 信号不能输入主触发器,不能使主触发器的状态发生变化,主触发器保持脉冲下降沿到来时刻的信号 Q' 和 $\overline{Q'}$;从触发器的输入控制门 G_5 和 G_6 打开,主触发器的输出信号 Q' 和 $\overline{Q'}$ 输入从触发器,使从触发器的状态发生变化。主从 RS 触发器的逻辑功能真值表见表 5.8,其逻辑符号如图 5.9(b)所示。

表 5.8　主从 RS 触发器真值表

CP	*R*	*S*	Q^n	Q^{n+1}
×	×	×	0 1	0 1
↓	0	0	0 1	0 1
↓	0	1	0 1	1 1
↓	1	0	0 1	0 0
↓	1	1	0 1	不定

主从 RS 触发器的动作特点说明主从 RS 触发器中从触发器的输出状态是主触发器输出的延迟。

根据特性表 5.8 可得主从 RS 触发器的特性方程为

$$Q^{n+1} = S + \overline{R}Q^n$$
$$RS = 0 \qquad (5.1)$$

触发器的输出有 0 和 1 两个稳定状态，规定在小圆圈内标注 0 表示触发器的状态 0，在小圆圈内标注 1 表示触发器的状态 1，并用箭头表示触发器状态转换的过程，箭头旁边的式子表示触发器状态转换的条件。根据这些规定制作的触发器状态转换的过程图称为触发器**的状态转换图**，如图 5.10 所示。

主从 RS 触发器的时序波形图如图 5.11 所示。

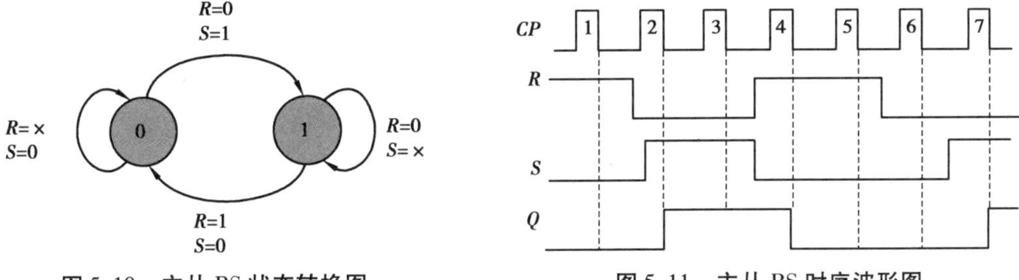

图 5.10　主从 RS 状态转换图　　图 5.11　主从 RS 时序波形图

(2)主从 JK 触发器

1)电路结构

主从 JK 触发器内部由两个可控 RS 触发器和一个非门组成，电路如图 5.12(a)所示。非门 G_9 的作用是使从触发器在 CP 下降沿到来时才翻转。J、K 是触发器的信号输入端，从触发器的输出端 Q 和 $\overline{Q}$ 是主从 JK 触发器的输出端。

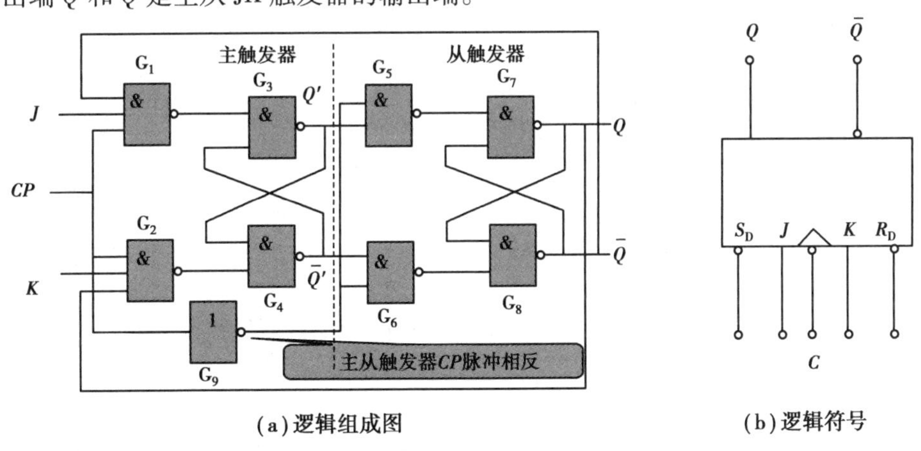

(a)逻辑组成图　　(b)逻辑符号

图 5.12　主从 JK 触发器

2)工作原理

结合图 5.12(a)所示电路，分析 JK 触发器的工作原理。

设 J 与 K 端的输入信号为某种状态，当 CP 脉冲上升沿到来时，即 $CP=1$，主触发器输出端随着 JK 输入信号的状态而变，即将 JK 端的信息储存在主触发器中，输出为 Q'。此时，从触发器的 $CP'=0$($CP=1$ 经非门 G_9 所得)，从触发器的状态不变。当 CP 脉冲下降沿到来时，即 $CP=0$，主触发器的状态不变，此时，从触发器的 $CP'=1$($CP=0$ 经非门 G_9 所得)，从触发器接收信息，即 JK 触发器的输出状态翻转，主触发器中的信息进入从触发器中，输出 Q($Q=Q'$)。主从 JK 触发器是在 CP 脉冲的下降沿翻转，它不仅有置 0、置 1 和保持的功能，还具有计数的功能(即当 $J=1$,$K=1$ 时,每来一个 CP 脉冲,触发器状态就翻转一次,其状态用 $\overline{Q^n}$ 表示)。JK 触发器的逻辑功能真值表见表 5.9。

在图 5.12(b)所示 JK 触发器的逻辑符号中,输入端 CP 的小圆圈表示脉冲下降沿触发,即当时钟脉冲 CP 的下降沿到来时触发器按表 5.9JK 触发器真值表相应的功能输出。输入端 $\overline{S_D}$、$\overline{R_D}$的小圆圈表示低电平置 0 或置 1;输出端 $\overline{Q}$ 的小圆圈表示取反。

表 5.9　JK 触发器真值表

CP	J	K	Q^n	Q^{n+1}
×	×	×	0	0
			1	1
↓	0	0	0	0
			1	1
↓	0	1	0	0
			1	
↓	1	0	0	1
			1	
↓	1	1	0	1
			1	0

JK 触发器逻辑功能验证

主从 JK 触发器的特性方程为(时钟脉冲下降沿有效)

$$Q^{n+1} = \overline{JQ}^{n} + \overline{K}Q^{n} \tag{5.2}$$

主从 JK 触发器的状态转换图如图 5.13 所示。

主从 JK 触发器的时序图如图 5.14 所示。

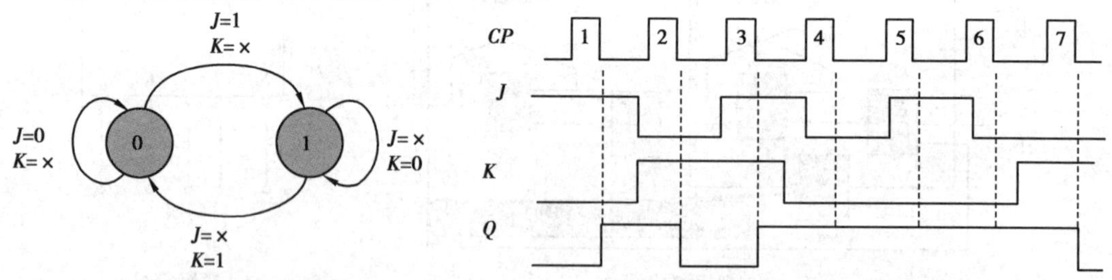

图 5.13　状态转换图

图 5.14　主从 JK 触发器的时序图

(3) D 触发器

为了解决空翻问题,由 6 个与非门组成维持阻塞型 D 触发器,其逻辑符号如图 5.15 所示。D 触发器有一个输入端 D、一个时钟脉冲控制端 CP、两个输出端 Q 和 $\overline{Q}$,还有直接置位端$\overline{S_D}$和直接复位端 $\overline{R_D}$。D 触发器的逻辑功能真值表见表 5.10。结合 D 触发器的逻辑符号和真值表,当时钟脉冲上升沿到来时,若触发器的输入端 D 原来状态为 0,则触发器的输出状态也为 0;若触发器的输入端 D 原来状态为 1,则触发器的输出状态也为 1。

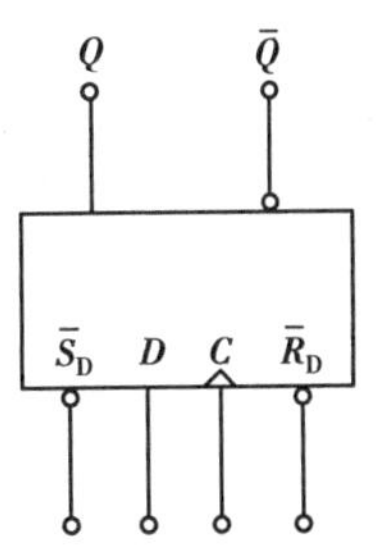

图 5.15　D 触发器的逻辑符号

表 5.10　D 触发器真值表

CP	D	Q^{n+1}
×	×	Q^n
↑	0	0
↑	1	1

因电路中只有一个输入端 D,故该触发器又称为 D 触发器。D 触发器也是一个主从触发器。D 触发器的特性方程为(时钟脉冲上降沿有效)

$$Q^{n+1} = D \tag{5.3}$$

D 触发器的状态转换图如图 5.16 所示。

D 触发器的时序图如图 5.17 所示。

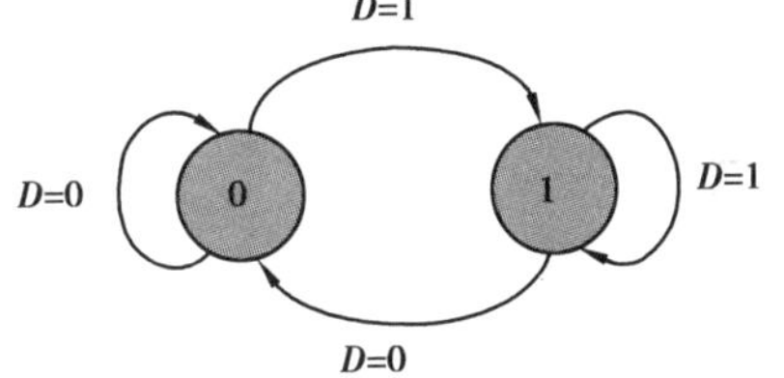

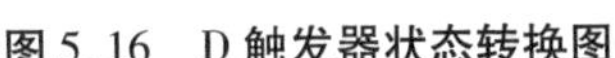

图 5.16　D 触发器状态转换图

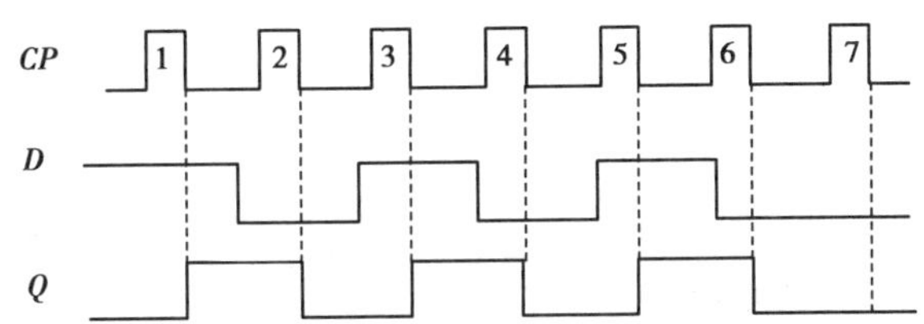

图 5.17　D 触发器的时序图

【阅读材料】

触发器简单应用实例

(1)分频器

应用一片 CC4027 双 JK 集成触发器中一个单元电路,如图 5.18 所示,可构成 2 分频器。从 $1CP$ 端输入两个时钟脉冲,则在 $1Q$ 的输出端只输出 1 个脉冲,实现了 2 分频。

即

$$f_0 = \frac{f_1}{2}$$

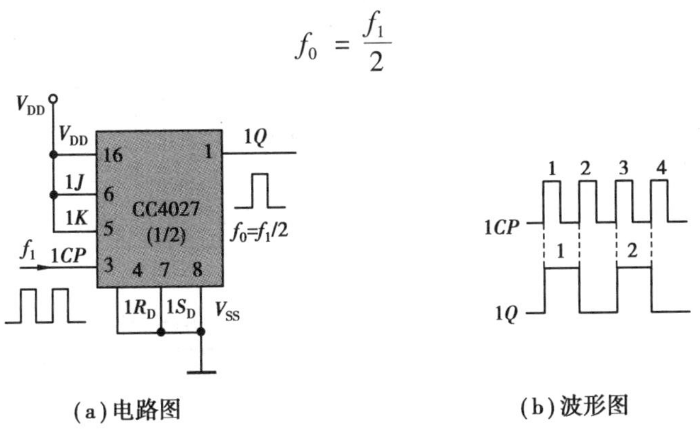

(a)电路图　　(b)波形图

图 5.18　二分频电路及波形

(2)多路控制的开关电路

用一片 CC4013 正边沿触发双 D 集成触发器中的一个 D 触发器构成多路控制开关电路，如图 5.19 所示。

设未接通任何开关时，D 触发器处于 0 态，继电器 K 失电不工作。当按动任一只开关后，继电器得电工作；开关断开后，不影响继电器工作。再按动任意一只开关，继电器失电而停止工作。

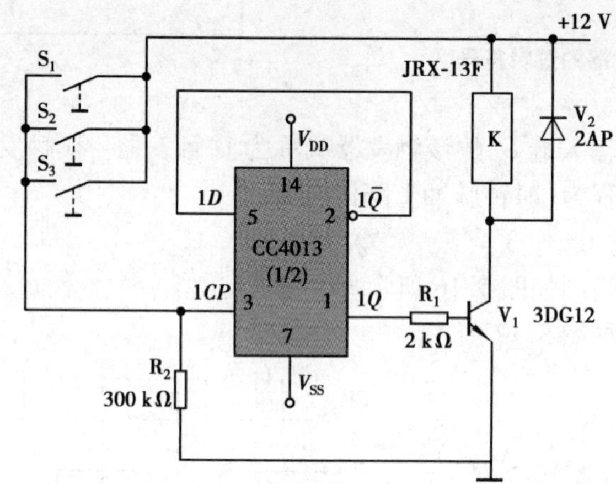

图 5.19　3 路控制的开关电路

(3)抢答电路

用一片 CT74LS175D 触发器可构成四人智力竞赛抢答电路，如图 5.20 所示。

抢答前，各触发器清零，4 只发光二极管均不亮。抢答开始后，假设 S_1 先按通，则 1*D* 先为 1，当 *CP* 脉冲上升沿出现时，点亮 LED_1；其他按钮随后按下相应的发光二极管不会亮。若要再次进行抢答，只要清零即可。

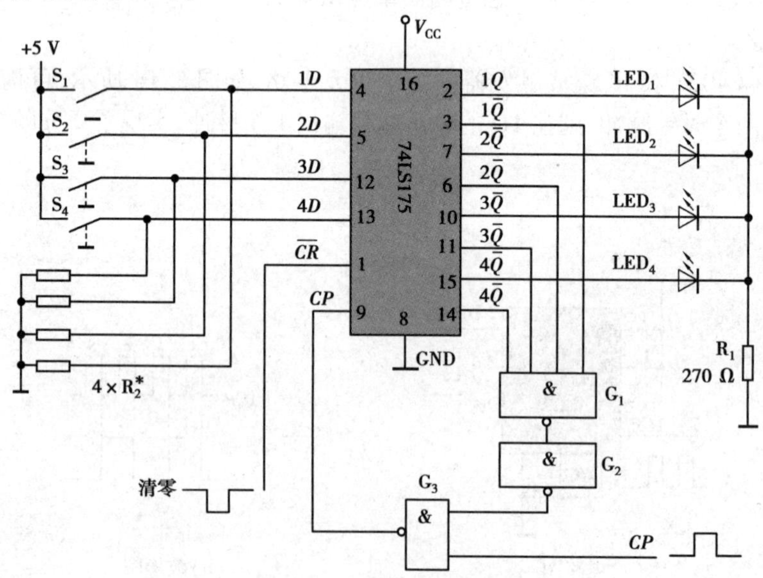

图 5.20　四人抢答器电路

【教学评价】

表 5.11　教学评价表

评价项目	项目评价内容	分值	自我评价	小组评价	教师评价	得分
实际操作技能	1. RS 触发器功能测试	20				
	2. 抢答器逻辑判断电路的安装与调试	30				
理论知识	1. RS 触发器的基础知识	10				
	2. 74LS279 的认识	10				
	3. 简述其他触发器工作原理	5				
安全文明操作	1. 实验设备的正确使用	5				
	2. 元器件的摆放及实训台的整理	5				
学习态度	1. 出勤情况	5				
	2. 实验室和课堂纪律	5				
	3. 团队协作精神	5				
总分(100)						

任务 5.2　三十进制计数器的设计与实现

任务目标

微课:计数器

1. 了解寄存器的种类、功能及特性。
2. 掌握二进制加法计数器的组成结构及工作原理。
3. 熟悉集成计数器 74LS160 的管脚排列及逻辑功能。
4. 能够用 74LS160 实现 10 s 和 30 s 计时。

【任务描述】

主持人按下清零开关后,选手开始回答问题,计时器同时计时。当计数器计时到 30 s 时计时时间冻结,选手回答时间。

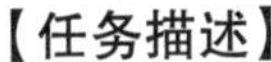
【任务准备】

计数器按计数脉冲是否同时加在各触发器的时钟脉冲输入端可分为同步计数器和异步计数器;按计数过程中数是增加还是减少可分为加法计数器、减法计数器和可逆计数器;按计数器中数的编码方式可分为二进制计数器、十进制计数器和 N 进制计数器。

(1)二进制计数器

JK 触发器组成的异步二进制加法计数器如图 5.21 所示。

将 JK 触发器的输入端悬空,相当于 $J=K=1$,计数输入端每接收到一个时钟脉冲,触发器

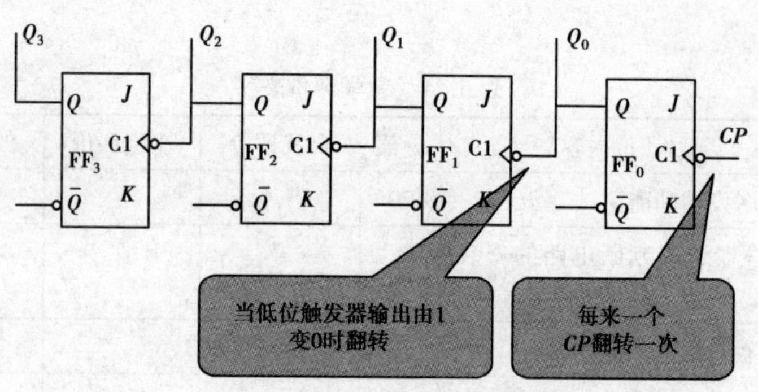

图 5.21　异步 4 位二进制加法计数器

就翻转一次;低位触发器每翻转两次,高位触发器翻转一次,即计两个数就产生一个进位脉冲。

设 4 个 JK 触发器的初态均为 0,计数器状态为 0000。第一个计数脉冲下降沿到来时,触发器 FF_0 翻转为 1,其输出端 Q_0 由低电平变为高电平,触发器 FF_1 不会翻转,计数器状态为 0001。第二个计数脉冲下降沿到来时,FF_0 翻转为 0,Q_0 输出的负跳变(由 1 变 0)使 FF_1 翻转为 1,Q_1 由低电平变成高电平,不会引起触发器 FF_2 翻转,触发器 FF_3 也不会翻转,计数器状态为 0010。第三个计数脉冲下降沿到来时,FF_0 翻转为 1,FF_1、FF_2、FF_3 都不翻转,计数器状态为 0011。第四个计数脉冲下降沿到来时,FF_0 翻转为 0,使 FF_1 翻转,FF_1 翻转成 0 后又使 FF_2 翻转成 1,FF_3 不翻转,计数器状态为 0100。如此继续下去,第一位 Q_0 每累计一个数,状态变一次;第二位 Q_1 每累计两个数,状态变一次;第三位 Q_2 每累计四个数,状态变一次;第四位 Q_3 每累计八个数,状态变一次。其逻辑功能表见表 5.12。

表 5.12　4 位二进制加法计时器逻辑功能表

CP	$Q_3\ Q_2\ Q_1\ Q_0$	CP	$Q_3\ Q_2\ Q_1\ Q_0$
0	0 0 0 0	9	1 0 0 1
1	0 0 0 1	10	1 0 1 0
2	0 0 1 0	11	1 0 1 1
3	0 0 1 1	12	1 1 0 0
4	0 1 0 0	13	1 1 0 1
5	0 1 0 1	14	1 1 1 0
6	0 1 1 0	15	1 1 1 1
7	0 1 1 1	16	0 0 0
8	1 0 0 0		

画出电路的时序波形,可见异步二进制加法计数器除了加法计数功能外还可以当分频器使用,从低位 Q_0 输出的波形可实现二分频,以此类推,从高位 Q_3 输出的波形可实现十六分频,如图 5.22 所示。

(2)十进制计数器

异步十进制加法计数器逻辑电路如图 5.23 所示。

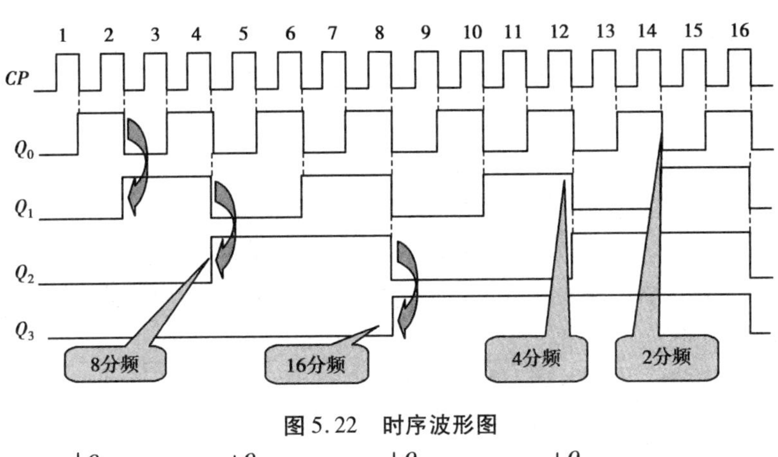

图 5.22　时序波形图

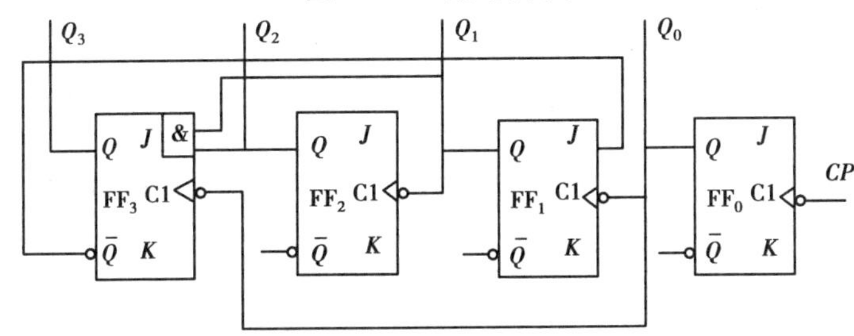

图 5.23　异步十进制加法计数器逻辑电路图

结合电路图 5.23 分析其工作原理：

①第 1 位触发器 $J_0=K_0=1$，FF_0 翻转受输入的计数脉冲控制。

②第 3 位触发器 $J_2=K_2=1$，FF_2 翻转受 FF_1 控制。

③第 2 位触发器 $J_1=\overline{Q}_3$，FF_1 翻转受 FF_3 的控制。

④第 4 位触发器 $J_3=Q_1Q_2$，$CP_3=Q_0$。当 $Q_1=Q_2=1$ 且 Q_0 由 1→0 时，FF_3 才翻转。而 $Q_2=Q_1=Q_0=1$ 是第 7 个脉冲状态，当第 8 个脉冲的下降沿到来时，Q_0 由 1→0，FF_3 翻转，由 0→1。根据以上分析，可得电路逻辑状态表，见表 5.13。时序波形图如图 5.24 所示。

表 5.13　逻辑状态表

CP	$Q_3\ Q_2\ Q_1\ Q_0$
0	0　0　0　0
1	0　0　0　1
2	0　0　1　0
3	0　0　1　1
4	0　1　0　0
5	0　1　0　1
6	0　1　1　0
7	0　1　1　1
8	1　0　0　0
9	1　0　0　1
10	1　0　1　0

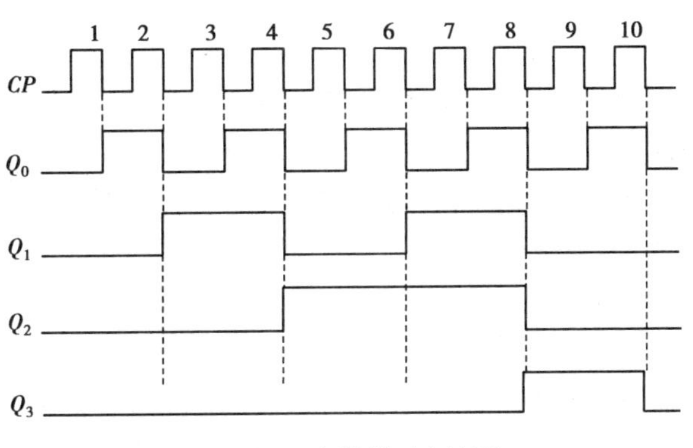

图 5.24　十进制时序波形

(3)集成计数器

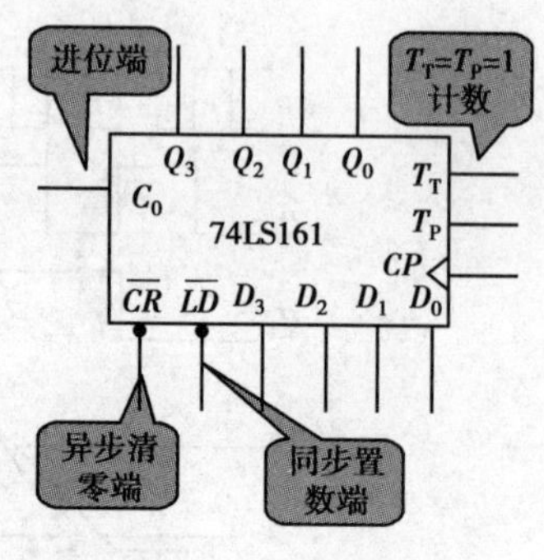

图 5.25　74LS161 逻辑符号

集成计数器使用方便、灵活,以常用集成计数器为例介绍其功能及应用。

1)集成二进制计数器 74LS161 和 74LS163

74LS161 是 4 位二进制同步加法计数器,其逻辑符号如图 5.25 所示。D_3—D_0 为 4 位二进制输入端,$Q_3 \sim Q_0$ 是计数器的 4 位输出端。$\overline{CR}$为异步清零输入端,$\overline{LD}$为同步置数端,T_T 和 T_P 为计数使能端,C_0 为进位输出端。

74LS161 的逻辑功能见表 5.14,分析其功能:

表 5.14　74LS161 的逻辑功能表

输入									输入	功能
$\overline{CR}$	$\overline{LD}$	T_T	T_P	CP	D_3	D_2	D_1	D_0	Q_3 Q_2 Q_1 Q_0	
0	×	×	×	×	×	×	×	×	0 0 0 0	异步清零
1	0	×	×	↑	d_3	d_2	d_1	d_0	d_3 d_2 d_1 d_0	同步置数
1 1	1 1	0 ×	× 0	× ×	× ×	× ×	× ×	× ×	保持	保持
1	1	1	1	↑	×	×	×	×	当计到 1111 时 $C_0=1$	计数

①异步清零:当$\overline{CR}=0$ 时,不管其他输入端的状态如何,计数器的输出将被直接置零,时钟脉冲 CP 不起作用。

②同步并行置数:当$\overline{CR}=1$,$\overline{LD}=0$ 时,在 CP 的上升沿作用下,预置好的数据 D_3D_2 D_1D_0 被并行送到输出端,此时 $Q_3Q_2Q_1Q_0 = D_3D_2$ D_1D_0。

③保持:当$\overline{CR}=1$,$\overline{LD}=1$ 时,只要 $T_T \cdot T_P=0$,即两个使能端中有 0 时,则计数器保持原来状态不变。

④计数:当$\overline{CR}=1$,$\overline{LD}=1$ 时,只要 $T_T \cdot T_P=1$,在 CP 脉冲的上升沿作用下,计数器进行二进制加法计数。当计到 $Q_3Q_2Q_1Q_0$ 为 1111 时,C_0 变为 1,$C_0=1$ 的时间是从 $Q_3Q_2Q_1Q_0$ 为 1111 时起,到 $Q_3Q_2Q_1Q_0$ 的状态变化时止。

74LS163 是 4 位二进制同步加法计数器,其外形及引脚与 74LS161 相同,所不同的是 74LS163 是同步清零。当$\overline{CR}=0$ 时,在 CP 脉冲的上升沿到来时,$Q_3Q_2Q_1Q_0=0000$,即同步清零。其余功能与 74LS161 相同。

2)集成十进制计数器 74LS160

74LS160 计数为十进制,当计到 $Q_3Q_2Q_1Q_0$ 为 1001 时,$C_0=1$,其他功能都与二进制同步加法计数器 74LS161 一样,其逻辑电路图和引脚图也与 74LS161 相同。

3)二-五-十进制异步加法计数器 74LS290

74LS290 可分别实现二进制、五进制和十进制计数,具有清零、置数和计数功能。逻辑图如图 5.26 所示。

①异步置 9:$S_{9(1)}=S_{9(2)}=1$,输出为 1001。

②异步清零:$S_{9(1)}S_{9(2)}=0$,$R_{0(1)}=R_{0(2)}=1$,输出为 0000。

③计数:$S_{9(1)}S_{9(2)}=0$,$R_{0(1)}R_{0(2)}=0$。

计数方式有以下 3 种:

①二进制计数,CP_A 为二进制计数脉冲输入端,Q_A 为二进制计数状态输出端。

②五进制计数,CP_B 为五进制计数脉冲输入端,Q_D、Q_C、Q_B 为五进制计数状态输出端。

③十进制计数,分两种情况:计数脉冲从 CP_A 端输入,将 Q_A 与 CP_B 端相连接,输出按 8421 BCD 码计数,从高位到低位依次是 Q_D、Q_C、Q_B、Q_A;若计数脉冲从 CP_B 端输入,将 Q_D 与 CP_A 端相连接,输出按 5421 BCD 码计数,从高位到低位依次是 Q_A、Q_B、Q_C、Q_D,如图 5.27 所示。

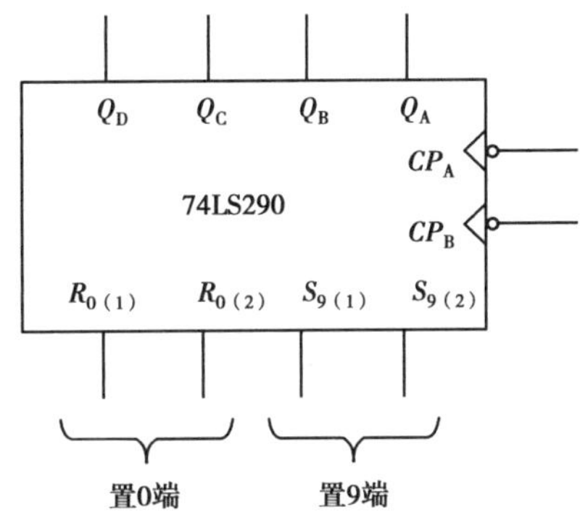

图 5.26　74LS290 逻辑符号

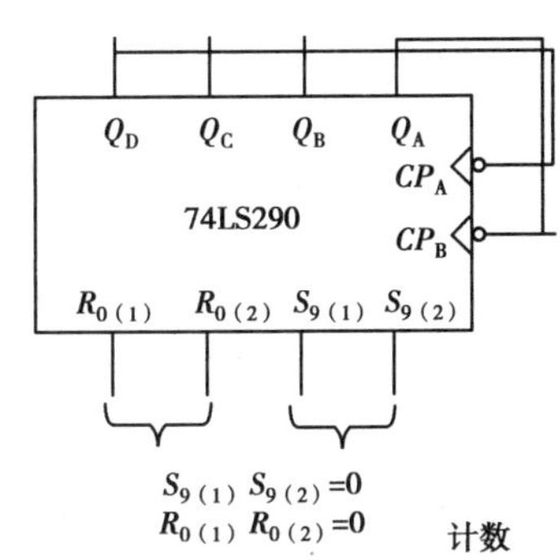

图 5.27　74LS290 十进制计数连线图

4)用集成计数器构成 N 进制计数器

①清零法。

清零法主要有异步清零法和同步清零法两种。

异步清零法适用于具有异步清零端的集成计数器,只要异步清零端出现清零有效信号,计数器便立即被清零。在输入第 N 个计数脉冲后,通过控制电路产生一个清零信号加到异步清零端上,使计数器回零,则可获得 N 进制计数器。

同步清零法适用于具有同步清零端的集成计数器。与异步清零不同,同步清零端获得有效信号后,计数器并不能立即清零,只是为清零创造条件,还需要再输入一个计数脉冲 CP,计数器才能被清零。利用同步清零端获得 N 进制计数器时,应在输入第 $N-1$ 个计数脉冲 CP 时,在同步清零端获得清零信号,这样,在输入第 N 个计数脉冲 CP 时,计数器才被清零,从而实现 N 进制计数器。

例 5.1:用 74LS161 构成七进制计数器。

解:①写出状态 S_M 的二进制代码。

$$S_M=S_{10}=(1010)_B$$

②求反馈归零函数。由于 74LS161 的异步置 0 信号为低电平有效,因此

$$\overline{CR}=\overline{Q_2Q_1}$$

③画连线图,如图 5.28 所示。

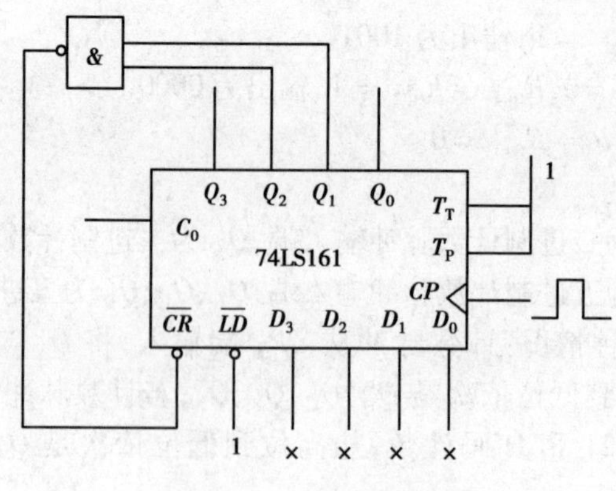

图 5.28　七进制计数器

②预置数法。

预置数法主要有异步预置数法和同步预置数法两种。

异步预置数法适用于具有异步预置数控制端的集成计数器。与异步清零一样，异步置数与时钟脉冲没有任何关系，只要异步预置数控制端出现置数有效信号时，并行输入的数据便立即被置入计数器的输出端。异步预置数控制端先预置一个初始状态，在输入第 N 个计数脉冲 CP 后，通过控制电路产生一个置数信号加到异步预置数控制端上，使计数器返回到初始状态，即可实现 N 进制计数器。

同步预置数法适用于具有同步预置数控制端的集成计数器。方法与异步预置数法类似。但应在输入第 $N-1$ 个计数脉冲 CP 后，通过控制电路产生一个置数信号，使同步预置数控制端有效。再输入一个（第 N 个）计数脉冲 CP 时，计数器执行预置操作，重新将预置状态置入计数器，从而实现 N 进制计数器。

例 5.2：试用 74LS163 构成一个十二进制计数器。

解：设计数器状态循环采用前面 12 个状态，则其初始状态为 $Q_3^nQ_2^nQ_1^nQ_0^n=0000$，并行数码输入信号 $D_3D_2D_1D_0=0000$。

①写出状态 S_{M-1} 的二进制代码。

$$S_{M-1}=S_{12-1}=(1011)\text{B}$$

②求反馈置数函数。由于 74LS163 的同步置数信号为低电平有效，因此

$$\overline{LD}=\overline{Q_3Q_1Q_0}$$

③画连线图，如图 5.29 所示。

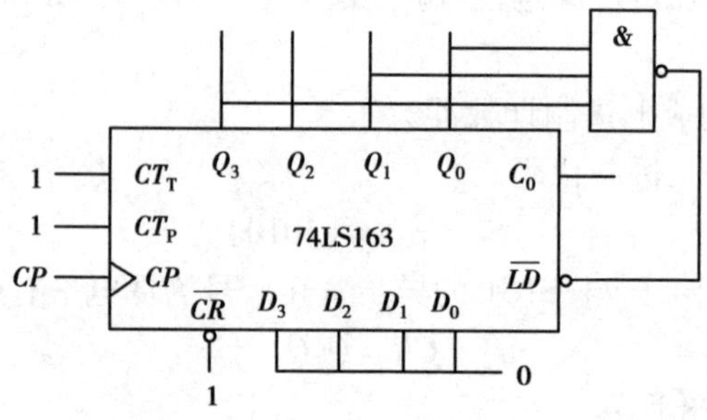

图 5.29　十二进制连接图

5）计数器的级联

对计数值较大的计数器，如六十进制计数器，用一块集成计数器是无法实现的，需要将集成计数器连接起来使用，这称为集成计数器的级联。计数器的级联一般用低位芯片的输出端和高位芯片的使能端或时钟端相连来实现。计数器有同步级联和异步级联两种常用的级联方式。同步级联：芯片共用外部时钟脉冲和清零信号。异步级联：芯片的时钟信号不统一。

（4）认识集成芯片 74LS160

74LS160 是具有异步清零功能、同步置数功能的 4 位同步十进制计数器。

1）引脚排列图

74LS160 引脚排列图如图 5.30 所示。

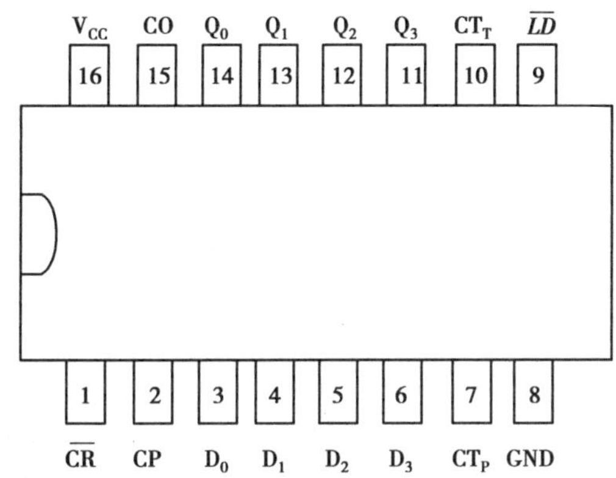

图 5.30　74LS160 引脚排列图

2）引脚功能说明

74LS160 的引脚功能见表 5.15。

表 5.15　74LS160 的引脚功能表

管脚号	管脚命名	管脚功能
1	$\overline{CR}$	复位端
2	CP	时钟脉冲端
3 ~ 6	$D_3/D_2/D_1/D_0$	数据输入端
7/10	CT_P/CT_T	计数控制端
8	GND	接地端
9	$\overline{LD}$	预置控制端
11 ~ 14	$Q_3/Q_2/Q_1/Q_0$	计数输出端
15	CO	进位输出端
16	V_{CC}	电源端

3）逻辑功能表

74LS160 逻辑功能见表 5.16。

表 5.16　74LS160 逻辑功能表

CP	$\overline{CR}$	$\overline{LD}$	CT_P	CT_T	工作状态
×	0	×	×	×	置零
↑	1	0	×	×	预置数
×	1	1	0	1	保持
×	1	1	×	0	保持(但 $C=0$)
↑	1	1	1	1	计数

(5)用 74LS160 实现六十进制计数器

1)计数状态分析

设计数器状态循环采用前面 60 个状态,用 74LS160 的异步清零功能来实现,初始状态为 $Q_7^nQ_6^nQ_5^nQ_4^nQ_3^nQ_2^nQ_1^nQ_0^n=00000000$,当计数到 $Q_7Q_6Q_5Q_4Q_3Q_2Q_1Q_0=01100000$ 产生清零信号,采用两片 74LS160,低位 74LS160 的进位输出端 CO 接在高位 74LS160 的脉冲 CP 输入端,当计数到 60 时,用高位 74LS160 的$\overline{CR}=\overline{Q_6Q_5}$。

2)电路连接图

由以上的分析,可知三十进制计数器的接线图,如图 5.31 所示。

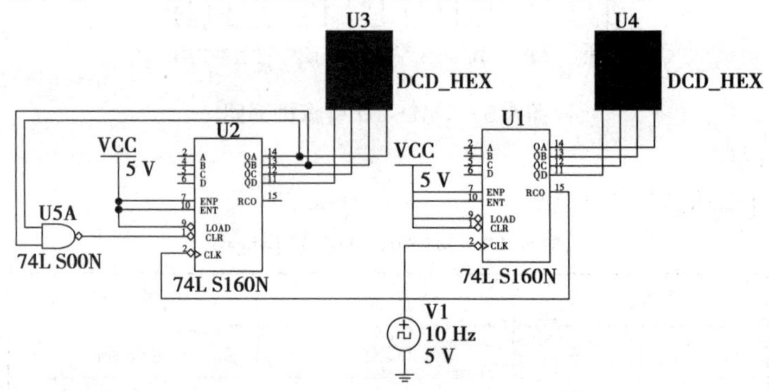

图 5.31　三十进制计数器连线图

【任务实施】

步骤一:74LS160 的逻辑功能复习。

①写出 74LS160 的逻辑功能表。

②画出 74LS160 的引脚排列图。

步骤二:实验设备检查。

实验设备检查见表 5.17。

表 5.17　实验设备检查

检测内容	使用工具	现象
实验箱数码显示是否正常	开机目测	
数电实验箱电源	万用表	
导线是否完好	万用表	
逻辑开关状态是否完好	万用表或导线	

步骤三:芯片 74LS160 的认识。

观察 74LS160 芯片实物图(图 5.32),写出芯片的管脚号,管脚功能填写在表 5.18 中。

图 5.32　74LS160 芯片实物图

表 5.18

管脚号	管脚命名	管脚功能
1		
2		
3 ~ 6		
7/10		
8		
9		
11 ~ 14		
15		
16		

步骤四:芯片 74LS160 逻辑功能测试。

①电源与地:请将电源引脚 16 接高电平(V_{CC}),接地引脚 8 号接地(GND)。

②按要求进行接线,并完成表 5.19。

表 5.19

工作状态	CP	$\overline{CR}$	$\overline{LD}$	CT_P	CT_T	$Q_3/Q_2/Q_1/Q_0$
置零						
预置数						
保持						
保持(但 $C=0$)						
计数						

应用拓展——用 74LS160 实现十、三十进制计数器。

(1)分别写出十进制和三十进制计数器的反馈函数

①十进制:采用异步清零法$\overline{CR}=\overline{Q_4}$(高位的$Q_0$)。

②三十进制:采用异步清零法$\overline{CR}=\overline{Q_5 Q_4}$=(高位的$Q_1 Q_0$)。

(2)分别画出十进制和三十进制计数器的连线图

(3)在印制板计数单元按照逻辑电路图进行安装接线

①安装电路板上的短接线。

②安装小、矮元件电阻、二极管。

③安装过程注意不要错焊、漏焊和桥接。

④集成电路安装时焊点均匀、饱满、光亮、整齐。

(4)通电并调试,实现十进制和三十进制计数

①将抢答器的电源接在直流 5 V 的电源上,接通电源,观察数码管是否点亮,如果显示"00",则接入正常;若显示不是"00",需先按下"K_0",进行"复位",使数码管"清 0"。

②计时时间由开关"K_D"进行设置:按下去为"30 s",按起来为"10 s"。

③显示乱码:

a. 检查译码器输出电平是否正确。

b. 检查数码管各段之间有无短接现象。

c. 限流电阻虚焊。

④数码管显示不全:a. 数码管各段之间存在短接现象;b. 数码管或译码器出现问题。

 **思考**

①74LS160 芯片的逻辑功能有哪些?

②本次课程中遇到的问题。

③用集成 74LS160 实现六十进制计数器。

 **知识链接**

寄存器

可以寄存二进制码的器件称为**寄存器**。

(1)数据寄存器

根据 D 触发器的逻辑功能可知,寄存器可以由 D 触发器组成,如图 5.33 所示。

为了提高使用的灵活性,在寄存器的集成电路中都有附加的控制信号输入端,这些控制信号输入端主要有异步置 0、输出三态控制和移位等功能。

(2)移位寄存器

具有移位功能的寄存器称为移位寄存器,其逻辑电路如图 5.34 所示。

移位寄存器除了可以实现寄存数据的功能外,还可实现串、并行数据的转换。

将一列串行数据 1101 从移位寄存器的数据信号输入端 D 输入,在触发脉冲的作用下,串行数据逐个输入移位寄存器,经 4 个触发脉冲以后,4 位串行数据全部输入移位寄存器,移位寄存器内 4 个触发器 FF_3、FF_2、FF_1、FF_0 的状态信号输出端的信号 $Q_3Q_2Q_1Q_0=1101$,是一个并行的输出数据。再输出 4 个触发脉冲,并行数据 1101 又从移位寄存器的数据信号输出端 Y 以串行数据的形式输出。

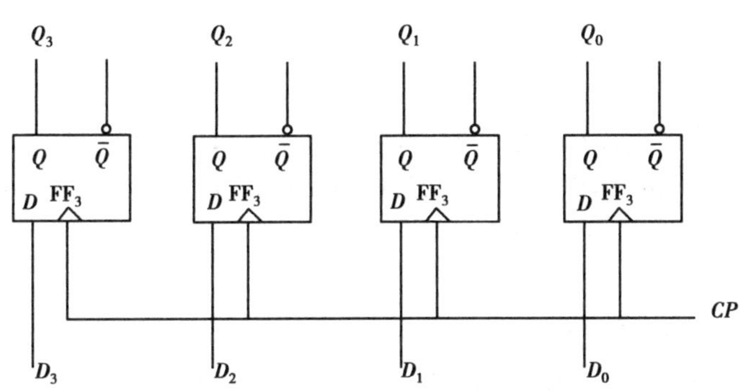

图 5.33　数据寄存器逻辑电路

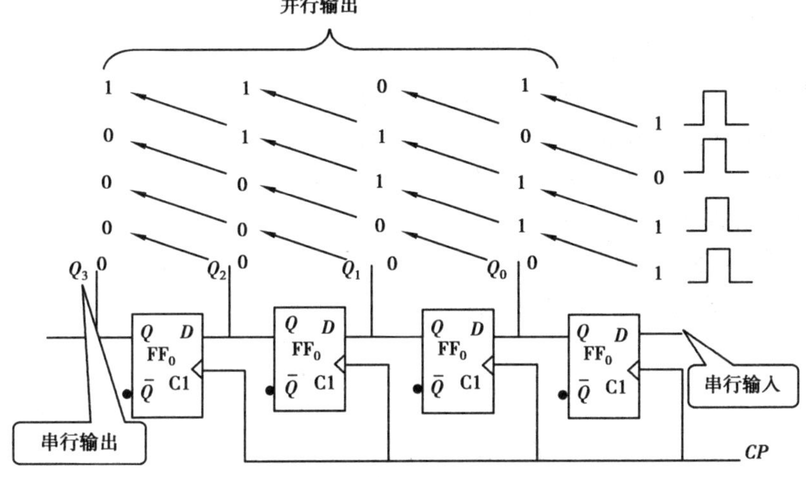

图 5.34　移位寄存器逻辑电路

(3)集成寄存器

为了便于扩展移位寄存器的功能和提高使用的灵活性,集成电路的移位寄存器产品通常附加有左、右移位控制,并行数据输入,保持和复位等功能控制输入端。74LS194 **是双向 4 位 TTL 型集成移位寄存器,具有双向移位、并行输入、保存数据和清除数据等功能,其逻辑符号如图 5.35 所示,功能表见表 5.20。**

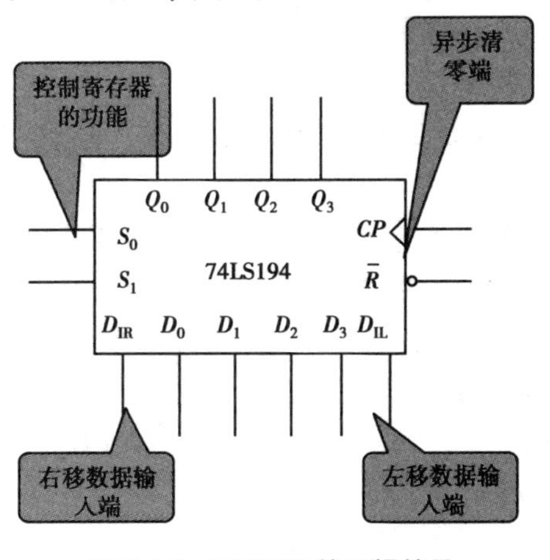

图 5.35　74LS194 的逻辑符号

表 5.20　74LS194 的逻辑功能表

$\bar{R}$	CP	S_1　S_0	功能
0	×	× ×	置零
1	↑	0　0	保持
1	↑	0　1	右移
1	↑	1　0	左移
1	↑	1　1	并行输入

【阅读材料】

计数器是一个用来实现计数功能的时序部件,它不仅可以对脉冲进行计数,还常常被用作数字系统的定时、分频和执行数字运算以及其他特定的逻辑功能。计数是日常生活中最常遇到的算术动作,计数器应用广泛,种类繁多。

(1)计数器的分类

计数器的种类如图 5.36 所示。

①按计数单元中各触发器所接收计数脉冲和翻转顺序或计数功能来划分,有同步和异步两类。

②按计数进制来划分,可分为二进制、十进制和任意进制。

③按计数顺序划分,有加法、减法和可逆(双向)之分。随时钟信号不断增加的为加法计数器,不断减少的为减法计数器,可增可减的为可逆计数器。

④按预置和清除方式来划分,有并行预置、直接预置、异步清除和同步清除等。

⑤按权码来划分,有"8421"码、"5421"码、余"3"码等。

⑥按集成度来划分,有单、双位计数器等。

常用的是前 3 种分类,前 3 种分类使人一目了然,知道这个计数器到底是什么触发方式,进行什么运算,便于设计者进行电路的设计。

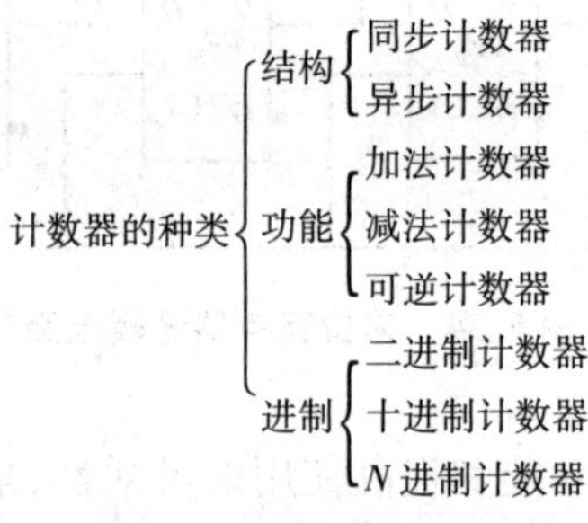

图 5.36 计数器的种类

(2)计数器的应用

计数器工作的基本的原理就是对某物件进行自动计数,实现统计数据的收集。在实际生产生活中具有广泛的应用。

1)在工业生产中的应用

在工业生产中,常常需要自动统计产品数量,计数器在这里有了它的用武之地,使用最多的就是数字式电子计数器。

数字式电子计数器有直观和计数准确的优点,目前在各种行业中普遍使用。数字式电子计数器有多种计数触发方式,它是由实际使用条件和环境决定的,通常分为接触式计数器和非接触式计数器两种,其中非接触式的光电计数器使用较为广泛。

光电计数器采用光电传感器构成的光电门实现对通过光电门的物体进行计数,通过实时监控能够有效地控制工业生产中生产流水线的包装数量,实现自动化控制,节省劳动力,高效地完成任务。光电计数器有着无比的优越性,被广泛地应用于工业生产中。

2)在数字系统中的应用

计数器是典型的时序逻辑电路,也是数字系统中使用最多的时序逻辑电路器件。利用计数器对脉冲进行分频或计数,可以实现测量、运算、定时控制等功能。计数器在数字系统中应用广泛,如电子计算机的控制器中对指令地址进行计数,以便顺序取出下一条指令;在运算器中作乘法、除法运算时记下加法、减法次数;在数字仪器中对脉冲的计数等。

计数器可以用来显示产品的工作状态,主要是用来表示产品已经完成了多少份的折页配页工作。它主要的指标在于计数器的位数,常见的有 3 位数和 4 位数计数器。很显然,3 位数的计数器最大可以显示到 999,4 位数的最大可以显示到 9999。

计数器不仅能用于对时钟脉冲计数,还可以用于分频、定时、产生节拍脉冲和脉冲序列以及进行数字运算等。

除了计数功能外,计数器产品还有一些附加功能,如异步复位,预置数(有同步预置数和异步预置数两种,前者受时钟脉冲控制,后者不受时钟脉冲控制),保持(有保持进位和不保持进位两种)。计数器还可以被用作顺序脉冲发生器。

3)在交通信号控制中的应用

目前有一种计数器被广泛运用于控制交通信号灯,它就是中规模集成电路 4 位二进制加法计数器 74LS161。它可以被利用来对脉冲进行计数,进而对交通灯进行定时控制,可以实现结构简单、稳定可靠、经济适用的定时控制功能。

4)在切纸机械定位控制中的应用

切纸机械是印刷和包装行业最常用的设备之一。切纸机完成的最基本动作是把待裁切的材料送到指定位置,然后进行裁切,它控制的核心是一个单轴定位控制。实现推进定位系统是利用单片机控制的。控制的过程大致为:当接收编码器的脉冲信号达到设定的值后,单片机系统输出信号,断开进给电机的接触器,同时电磁离合制动器的离合分离开来,刹车开始起作用来消除推进系统的惯性,这样就能实现精确定位。设备的单片机控制系统使用一段时间后容易老化,会造成定位不准确、切纸动作紊乱、不能正常生产的现象。通过改良,使用 PLC 的高速计数器功能结合变频器的多段速功能实现定位控制,并利用人机界面(Human Machine Interface,HMI)进行裁切参数设定和完成一些手动动作,这样就能很好地解决定位不准的问题。

5)在电梯定位调速中的应用

电梯的平层信号都是依靠安装在井道中的位置传感器得到的。当楼层多时,此类信号的数量多,设备安装及维护都有一定的困难,同时这些信号又占用了很多 PLC 输入口。使用 PLC 高速计数器定位可以实现变频调速电梯。

相对普通计数器,高速计数器用于频率高于机内扫描频率的机外脉冲计数。计数信号频率高,计数以中断方式,计数器的启动、复位或计数方向的变化也多使用机外信号。

电梯运行时,高速计数器在光电编码器的驱动下完成计数工作,当轿厢上升时加计数,当轿厢下降时减计数,高速计数器的当前值即是轿厢在井道中的准确位置,这样就实现了对运行电梯的准确定位,这样定位一是实现门厅及轿厢内楼层数字指示;二是用于运行定向;三是用于确定平层制动的时刻。在每层楼上下各安排 200 mm 轿厢当前位置批示切换区间,当轿厢到达该区间时,将轿厢当前位置数据送到层楼当前值存储单元中保存,用来作为门厅及轿厢处楼层显示数据。

高速计数与普通计数相比要注意的几点:一是高速计数输入是指定的,不是所有输入点都可以;二是输入频率比较低的不要用高速计数;三是高速计数的数据一般都是 32 位的;四是对应的所有高速计数频率相加不能大于 PLC 所允许的最大值。

【教学评价】

表 5.21 教学评价表

评价项目	项目评价内容	分值	自我评价	小组评价	教师评价	得分
实际操作技能	1. 计数器功能测试	20				
	2. 用 74LS160 芯片构成十进制和三十进制计数器	30				
理论知识	1. 计数器的基础知识	10				
	2. 74LS160 的认识	10				
	3. 简述 74LS160 引脚的功能	5				
安全文明操作	1. 实验设备的正确使用	5				
	2. 元器件的摆放及实训台的整理	5				
学习态度	1. 出勤情况	5				
	2. 实验室和课堂纪律	5				
	3. 团队协作精神	5				
总分(100)						

任务 5.3 秒脉冲发生器的安装与调试

任务目标

1. 了解环形振荡器、多谐振荡器、单稳态电路、施密特触发器的功能及基本应用。
2. 了解 555 时基电路的引脚功能和逻辑功能。
3. 会用 555 时基电路搭接多谐振荡器、单稳态电路、施密特触发器。
4. 能够用与非门 74LS00 实现秒脉冲发生器环形振荡器电路的安装与调试。

【任务描述】

参赛选手抢答成功,主持人按下清零按钮,计数器开始计数。当送给计数器的脉冲为秒脉冲时,就可以实现计时功能。

【任务准备】

(1) 脉冲的波形及参数

1) 常见的几种脉冲信号波形

如图 5.37 所示为几种常见的脉冲信号波形。

2) 脉冲波形参数

如图 5.38 所示为矩形脉冲波形。

①脉冲幅度 U_m。

脉冲幅度 U_m 是指脉冲电压的最大变化幅度。

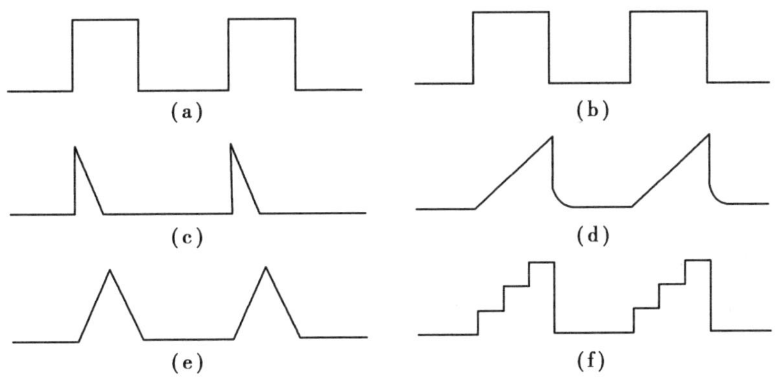

图 5.37　几种常见的脉冲信号波形

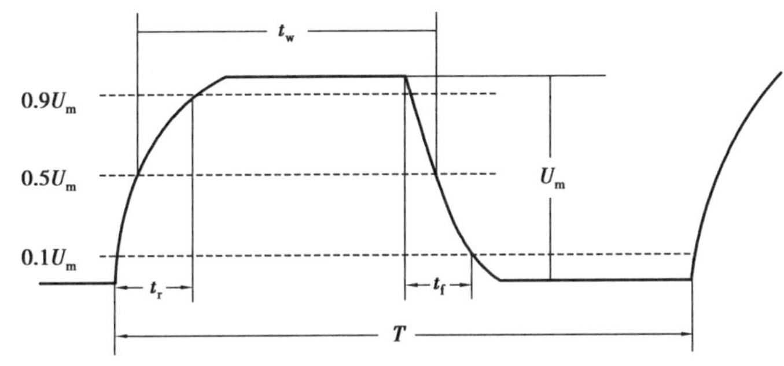

图 5.38　矩形脉冲波形的参数

②脉冲宽度 t_w

脉冲宽度 t_w 是指从脉冲前沿 $0.5U_m$ 至脉冲后沿 $0.5U_m$ 的时间间隔。

③上升时间 t_r

上升时间 t_r 是指脉冲前沿从 $0.1U_m$ 上升到 $0.9U_m$ 所需要的时间。

④下降时间 t_f

下降时间 t_f 是指脉冲后沿从 $0.9U_m$ 下降到 $0.1U_m$ 所需要的时间。

⑤脉冲周期 T

脉冲周期 T 是指周期性重复的脉冲中，两个相邻脉冲上相对应点之间的时间间隔。有时用脉冲重复频率 $f=1/T$ 表示，f 表示单位时间内脉冲重复变化的次数。

(2)环形振荡器

1)环形振荡器

环形振荡器是利用门电路的固有传输延迟时间将奇数个反相器首尾相连而成，如图 5.39 所示。该电路没有稳态，因为在静态(假定没有振荡时)下任何一个反相器的输入和输出都不可能稳定在高电平或低电平，只能处于高、低电平之间，处于放大状态。

假定某种原因使 V_{i1} 产生了微小的正跳变，经 G_1 的传输延迟时间 t_{pd} 后，V_{i2} 产生了一个幅度更大的负跳变，在经过 G_2 的传输延迟时间 t_{pd} 后，使 V_{i3} 产生更大的正跳变，经 G_3 的传输延迟时间 t_{pd} 后，在 V_o 产生一个更大的负跳变并反馈到 G_1 输入端。可见，在经过 $3t_{pd}$ 后，V_{11} 自动跳变为低电平，再经过 $3t_{pd}$ 之后，V_{i1} 又将跳变为高电平。如此周而复始，便产生自激振荡。如图 5.40 所示，振荡周期为 $T=6t_{pd}$。

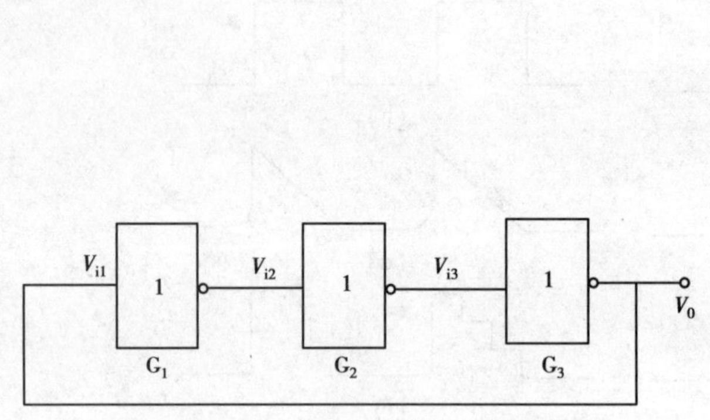

图 5.39　环形振荡器原理图

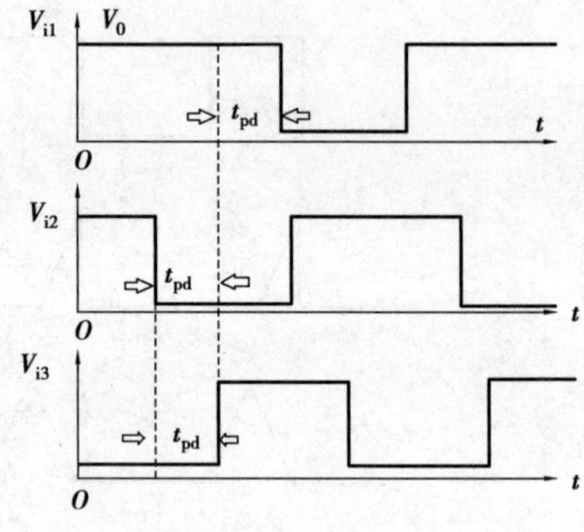

图 5.40　环形振荡器的工作波形

2)改进型的环形振荡器

环形振荡器的突出优点是电路极为简单,但门电路的传输延迟时间极短,TTL 门电路只有几十纳秒,CMOS 电路也不过一二百纳秒,难以获得较低的振荡频率,而且频率不易调节,为克服这个缺点,有几种改进电路,如图 5.41 所示。

①环形振荡器的改进原理。

接入 RC 电路以后,不仅增大了门 G_2 的传输延迟时间 t_{pd2} 有助于获得较低的振荡频率,而且通过改变 R 和 C 的数值可以很方便地实现对频率的调节。

②环形振荡器的实用电路。

如图 5.42 所示,为了进一步加大 RC 和 G_2 的传输延迟时间,在实用电路中将电容 C 的接地端改接 G_1 的输出端。当 V_{i2} 处发生负跳变时,经过电容 C 使 V_{i3} 首先跳变到一个负电平,然后从这个负电平开始对电容 C 充电,这就加长了 V_{i3} 从开始充电到上升为 V_{TH} 的时间,等于加大了 V_{i2} 到 V_{i3} 的传输延迟时间。

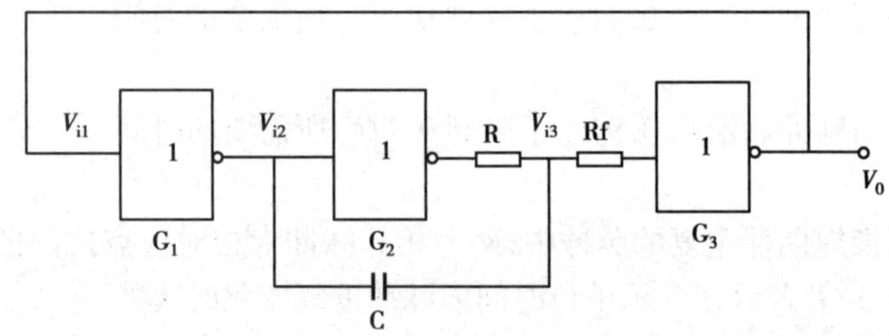

图 5.41　环形振荡器的改进电路

通常 RC 电路产生的延迟时间远远大于门电路本身的传输延迟时间,在计算振荡周期时可以只考虑 RC 电路的作用而将门电路固有的传输延迟时间忽略不计。

另外,为防止 V_{13} 发生负跳变时流过反相器 G_3 输入端钳位二极管的电流过大,还在 G_3 输入端串接了保护电阻 R_S。电路中各点的电压波形如图 5.42 所示。

(3)认识 74LS00 芯片

1)74LS00 芯片电路

74LS00 芯片是由 4 组 2 输入与非门组成,74LS00 管脚图和外形如图 5.43 所示。

2)逻辑功能

与非门的逻辑表达式为 $F=\overline{AB}$,其逻辑功能为:有 0 出 1,全 1 出 0。

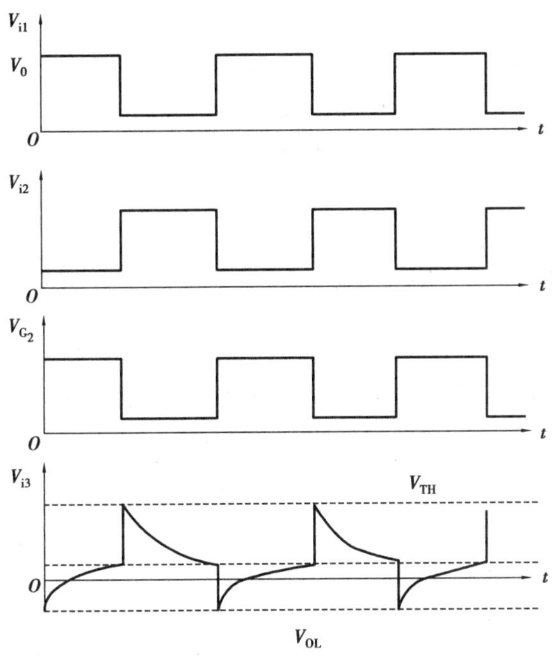

图 5.42　电路中各点的工作波形

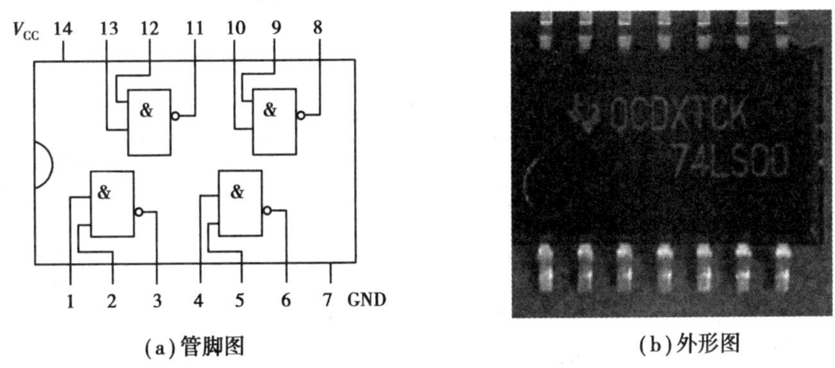

(a)管脚图　　(b)外形图

图 5.43　74LS00 的引脚排列和外形图

(4)秒脉冲发生器-环形振荡器

1)环形振荡器电路设计

环形振荡器电路如图 5.44 所示。设 $G_{11}=1\rightarrow G_9=0\rightarrow G_{10}=1$,电容通过 R_W 充电,T 导通,$G_{11}=0$;$G_{11}=0\rightarrow G_9=1\rightarrow G_{10}=0$,电容通过 R_W 放电,T 导通,$G_{11}=1$;G_{12}输出为矩形波。

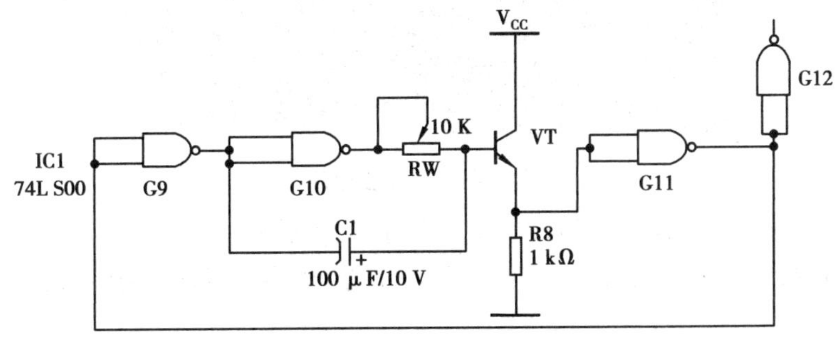

图 5.44　环形振荡器电路

2)秒脉冲发生器的实现

图 5.45 中画出了电容 C 充电、放电的等效电路。环形振荡器的周期 $T \approx 2.3RC$ 可用于近似估算振荡周期。当 $R = 10\ \text{k}\Omega, C = 100\ \mu\text{F}$ 时,振荡器周期为

$$T = 2.3RC = 2.3 \times 10 \times 10^{3} \times 100 \times 10^{-6} = 2.3\ \text{s} \tag{5.4}$$

$$f = \frac{1}{T}$$

调节 R_W 改变电容的充、放电时间,即改变脉冲的频率,将频率调节到 1 Hz。

【任务实施】

与非门构成环形振荡器的安装与调试

步骤一:按照图 5.44 所示的电路列出所用到的元器件清单,填写在表 5.22 中。

表 5.22　元器件清单

序号	名称	型号	数量	作用
1	2 输入与非门	CT74LS00	1	构成反相器,作为延迟门使用

步骤二:元器件好坏的判别。

元器件好坏的判别见表 5.23。

表 5.23　元器件好坏的判别

检测内容	使用工具	检测方法	检测结果
三极管	万用表		
电容	万用表		
电阻	万用表		
集成芯片 74LS00	万用表或导线		

步骤三:电路的安装。

①按照图 5.45 所示的电路在三路抢答器印制板搭建电路。

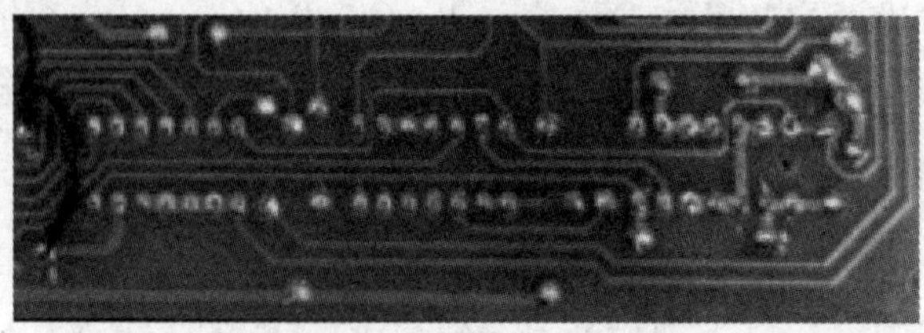

图 5.45　印制板电路

②先安装小、矮元件电阻、二极管,再安装电容,集成插座。

③在安装过程中主要三极管的引脚位置不要装错,电容的极性不要装反,集成插座的缺口方向不要装反。

④安装过程注意不要错焊、漏焊和桥接,集成电路安装时焊点均匀、饱满、光亮、整齐。

步骤四：电路的调试。

①用万用表直流电压挡测量 *CP* 脉冲。用万用表测试 G11 输出端—IC_1（3 脚），G12 输出端—IC_1（6 脚）指针来回摆动，此时可以调整脉冲的频率。

②用万用表直流电压挡"5 V"或"10 V"，通电情况下测试 IC_1 的 3 脚或 6 脚，观察脉冲频率，同时调整电位器 R_W，对着手表进行调整，直到 $f=1$ Hz 为止。

③如果没有脉冲应检查：

a. 三极管焊接错误、损坏。

b. IC_1 的供电、有无虚焊。

c. 电容器或电位器焊接错误、损坏。

思考

①如何用与非门构成秒脉冲发生器？

②小结本次课程中遇到的问题。

③列出两种产生秒脉冲的方法，并画出电路图。

知识链接

（1）认识 555 电路

555 集成定时器又称时基电路，目前应用十分广泛。555 集成定时器分为 TTL 和 CMOS 型，两者功能相同，但前者的驱动能力强。

1）内部结构

555 集成定时器的内部电路如图 5.46 所示，其内部含有 C_1 和 C_2 两个电压比较器、一个 RS 触发器、一个放电晶体管 T 以及 3 个 5 kΩ 的电阻组成的分压器。比较器 C_1 的参考电压为 $2/3V_{CC}$，加载在同相输入端；C_2 的参考电压为 $1/3V_{CC}$，加载在反相输入端。两者均在分压器上取得。

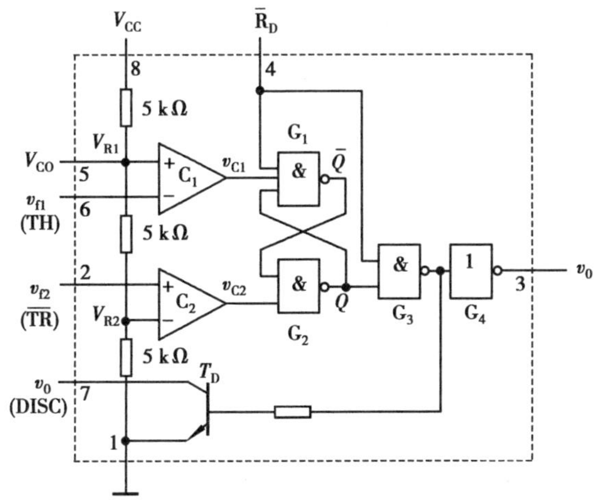

图 5.46　555 定时器的内部电路

2）引脚功能

555 定时器的外形和引脚排列如图 5.47 所示。

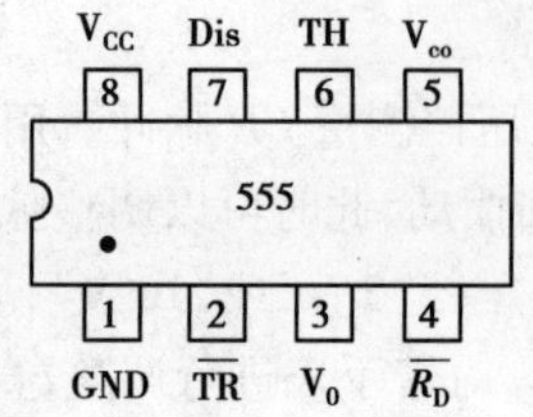

图 5.47　555 定时器实物图及引脚图

其引脚功能见表 5.24。

表 5.24　555 电路引脚功能表

管脚号	管脚命名	管脚功能
1	GND	负电源端或接地
2	$\overline{TR}$	低触发端
3	V_O	输出端
4	$\overline{R_D}$	清零输入端
5	V_{CO}	控制电压端
6	TH	高触发端
7	Dis	放电端
8	V_{CC}	外接电源端

3)逻辑功能

555 定时器的逻辑功能见表 5.25。

表 5.25　555 定时器的功能表

输入			输出		功能
清零端$\overline{R_D}$	高触发端 TH	低触发端$\overline{TR}$	V_O	放电管 T	
0	×	×	0	导通	直接清零
1	$>\frac{2}{3}V_{CC}$	$>\frac{1}{3}V_{CC}$	0	导通	置 0
1	$<\frac{2}{3}V_{CC}$	$<\frac{1}{3}V_{CC}$	1	截止	置 1
1	$<\frac{2}{3}V_{CC}$	$>\frac{1}{3}V_{CC}$	不变	不变	保持

(2)555 定时器的应用

1)单稳态触发器

单稳态触发器的特点:没有外加触发信号的作用,电路始终处于稳态;在外加触发器信号的作用下，电路能从稳态翻转到暂稳态，经过一段时间后，又能自动返回原来所处的稳态。

①电路构成。

用555构成的单稳态触发器电路和工作波形如图5.48所示。

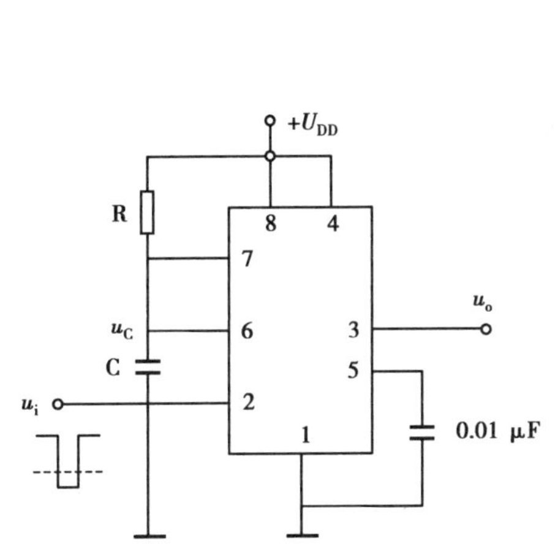

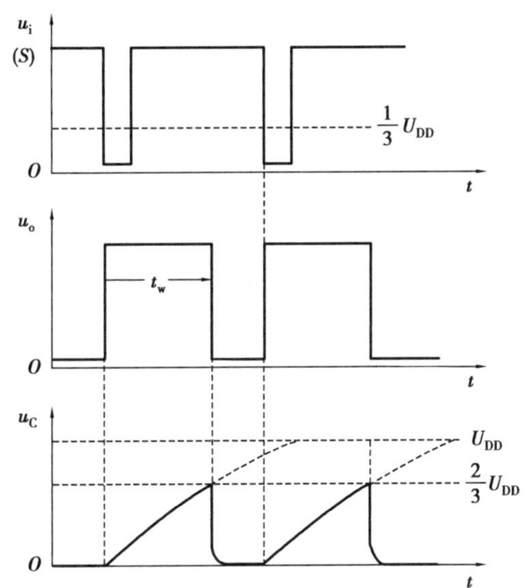

图5.48　555构成的单稳态电路

电路处于暂稳态的时间通常取决于RC电路的充、放电的时间，这个时间等于单稳态触发器输出脉冲的宽度 $t_p = 1.1RC$，与触发信号无关。单稳态触发器在外加触发脉冲信号的作用下，能够产生具有一定宽度和一定幅度的矩形脉冲信号。单稳态触发器属于脉冲整形电路，常用于脉冲波形的整形、定时和延时。

②工作原理。

当输入触发器 u_i 为高电平时，$u_{\overline{TP}} = u_i = U_{DD} > (1/3)U_{DD}$，电路输出低电平，$u_O = 0$（理想状态），触发器处于稳态；当触发器脉冲到来时，u_i 为低电平，$u_{\overline{TP}} = u_i = 0 < (1/3)U_{DD}$，电路状态翻转，由稳态变为暂态，电容C通过电阻R充电，u_c 逐渐升高；当触发脉冲过去后，$u_c > (2/3)U_{DD}$ 时，$u_{\overline{TH}} = u_c > (2/3)U_{DD}$，电路状态翻转，由暂态变为稳态，电容C通过放电端放电。其输入、输出波形如图5.48所示。

③输出脉冲宽度 t_w。

输出脉冲宽度可计算为

$$t_w \approx RC\ln 3 \approx 1.1RC \tag{5.5}$$

输出脉冲宽度 t_w 与定时元件R、C大小有关，而与电源电压、输入脉冲宽度无关，改变定时元件R和C可改变输出脉宽 t_w。如果利用外接电路改变 V_{co} 端（5号端）的电位，则可以改变单稳态电路的翻转电平，使暂稳态持续时间 t_w 改变。

2）多谐振荡器

多谐振荡器是一种自激振荡电路，它没有稳定状态，只有两个暂态。电路工作时，无须外加触发信号，接通电源后，电路就能在两个暂稳态之间相互转换，自动产生矩形脉冲信号。由于矩形脉冲除基波外，还含有丰富的谐波分量，因此，常将矩形脉冲产生电路称作多谐振荡器。

①电路组成。

如图 5.49 所示为由 555 集成定时器构成的多谐振荡器。

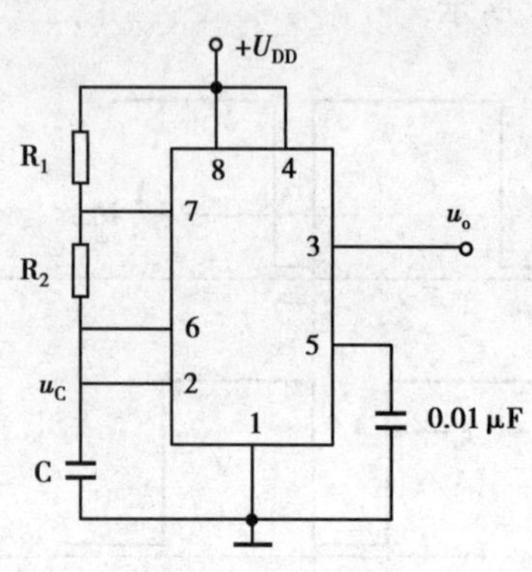

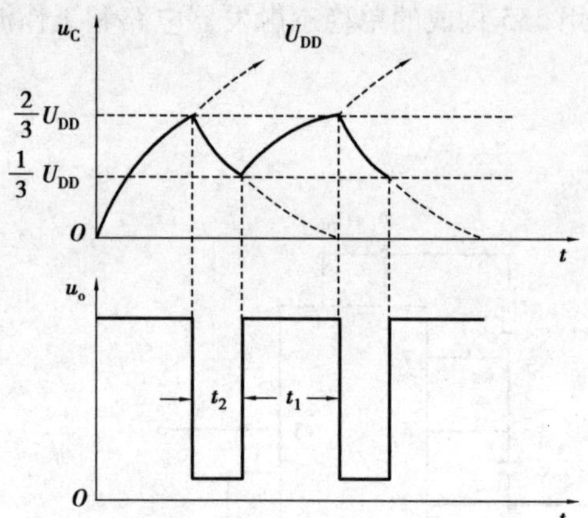

图 5.49　555 构成的多谐振荡器

②振荡周期。

电路振荡周期

$$T = t_1 + t_2 = 0.7(R_1 + R_2)C + 0.7R_2C \approx 0.7(R_1 + 2R_2)C \tag{5.6}$$

显然,改变 R_1、R_2 和 C 的值,就可以改变振荡器的频率。如果利用外接电路改变 V_{co} 端(5 号端)的电位,则可以改变多谐振荡器高触发端的电平,从而改变振荡周期 T。

3)施密特触发器

①电路构成。

施密特触发器电路组成如图 5.50 所示。

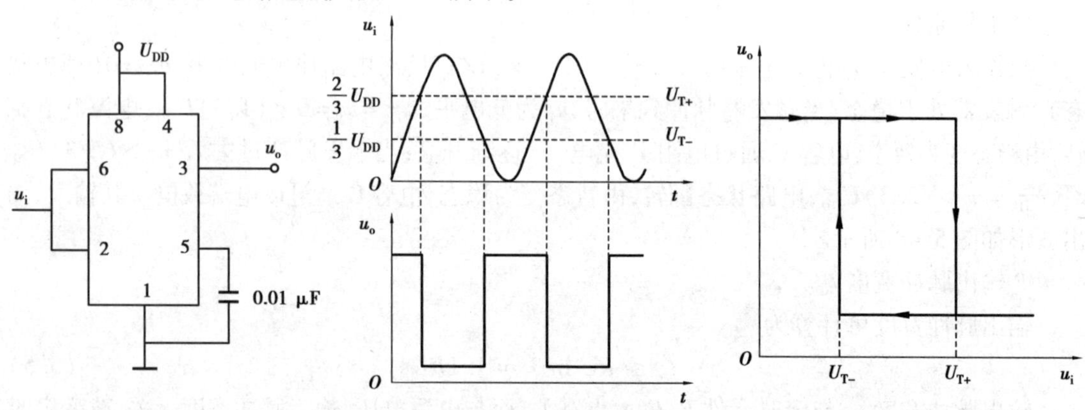

图 5.50　555 构成的施密特触发器

②工作原理。

由图 5.51 可知:

当 $u_i < (1/3)U_{DD}$,时,输出高电平,$u_o = U_{DD}$;随着 u_i 的增加,当 $(1/3)U_{DD} < u_i < (2/3)U_{DD}$ 时,电路状态保持,$u_o = U_{DD}$。

当 $u_i > (2/3)U_{DD}$ 时,电路状态翻转,$u_o = 0$(理想状态);u_i 继续增加,到最大值并逐渐减小时,电路状态保持 $u_o = 0$。

随着 u_i 的继续减少，当 $u_i<(1/3)U_{DD}$时，电路状态又翻转，输出高电平 $u_o=U_{DD}$。

施密特触发器输入、输出波形如图 5.51 所示。

555 定时器构成的施密特触发器，u_i 上升时引起电路状态改变，由输出高电平翻转为输出低电平的输入电压称为上限触发门坎电平 $U_{T+}=(2/3)U_{DD}$；下降时引起电路由输出低电平翻转为输出高电平的输入电压称为下限触发电平 $U_{T-}=(1/3)U_{DD}$。

两者之差称为回差电压，即

$$\Delta U_T = U_{T+} - U_{T-} \tag{5.7}$$

施密特触发器的电压传输特性称为回差特性。

【阅读材料】

多谐振荡器的应用

(1)压控式声光防盗报警器

使用 555 定时器构成多谐振荡器，实现压控式声光防盗报警器。电路如图 5.51 所示，要求压控开关闭合，多谐振荡器停止工作，声光报警装置不工作；压控开关断开时，多谐振荡器输出脉冲信号，送入三极管驱动声光报警装置工作。

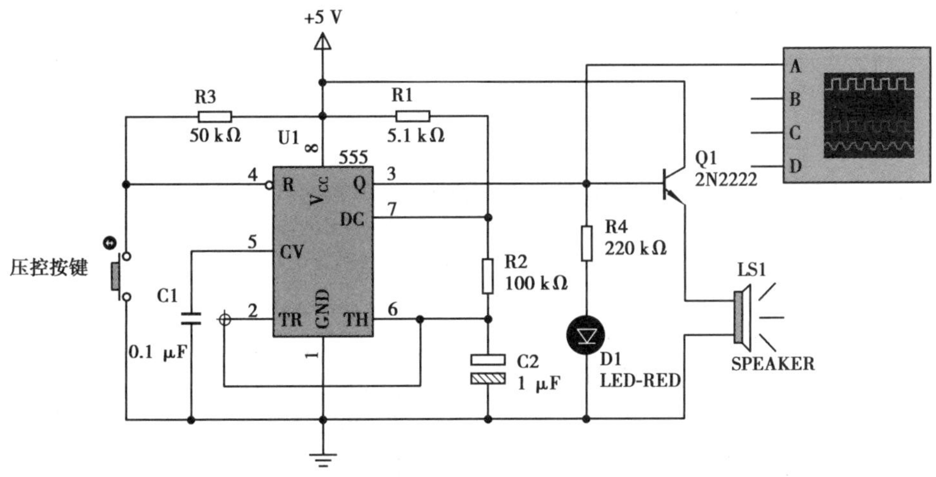

图 5.51　压控式声光防盗报警器

(2)八路彩灯循环控制电路设计

八路彩灯循环控制电路如图 5.52 所示。使用 555 定时器构成多谐振荡器，74LS161 为 4 位二进制加法计数器，其 $Q_2Q_1Q_0$ 接译码器 74LS138 的 3 位二进制输入端 C、B、A，译码器的输出$\overline{Y_0}$—$\overline{Y_7}$接 8 个共阳极彩灯 LED，实现八路彩灯循环控制。

(3)触摸式病床报警呼叫器设计

触摸式病床报警呼叫器如图 5.53 所示。当患者需要呼叫医生或护士时，按下呼叫按钮，U1 单元 555 定时器 $u_{\overline{TR}}=0$，其 V_0 输出为高电平，同时传输给 U2 的 $\overline{R}$ 端，U2 电路开始工作，其输出产生矩形脉冲驱动三极管 Q1 接通和断开，使扬声器发声从而报警。

(4)**球赛 30 s 定时器设计**

球赛 30 s 定时器电路如图 5.54 所示。使用 555 定时器构成多谐振荡器产生时钟脉冲 CP,经过 U2 与非门整形后加在十进制 U6 的 CLK 输入端,U5 和 U6 构成三十进制计数器,当计时时间到,U5 的 Q_1 输出高电平,经过非门接在其同步置数端$\overline{LD}$,置入数据 0000,实现 30 s 定时。

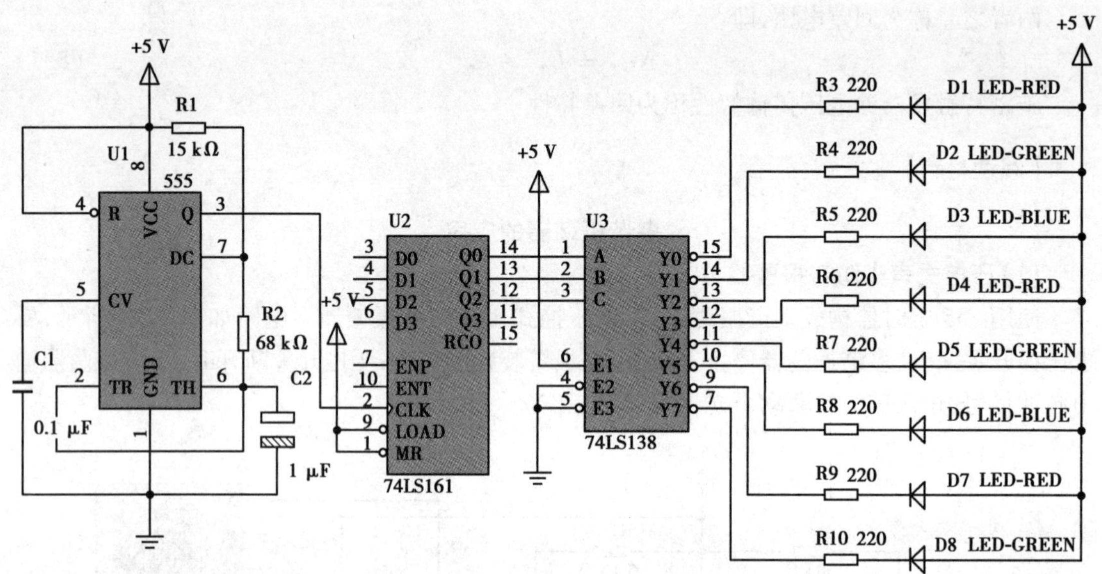

图 5.52　八路彩灯循环控制电路

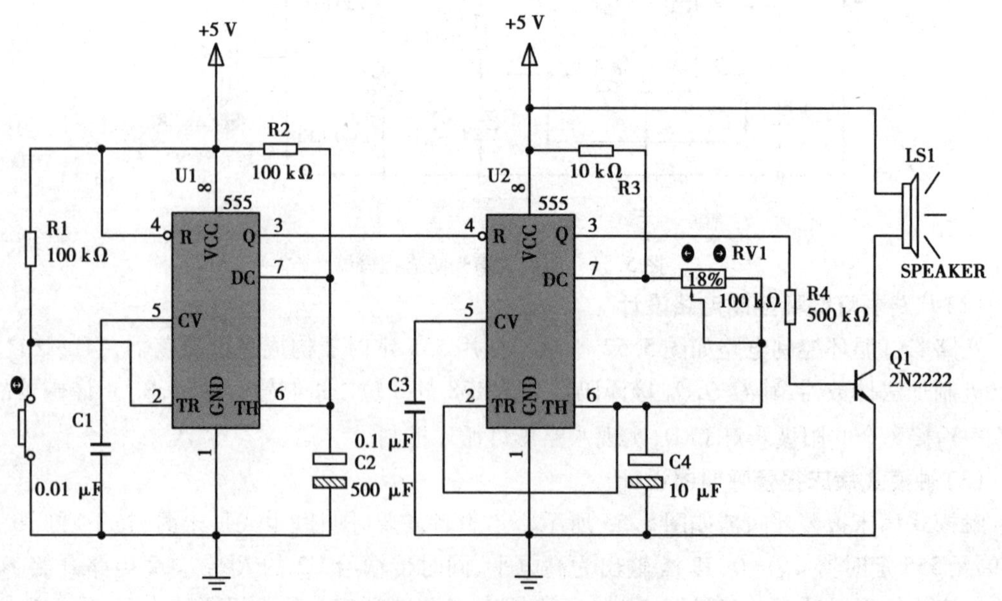

图 5.53　触摸式病床报警呼叫器

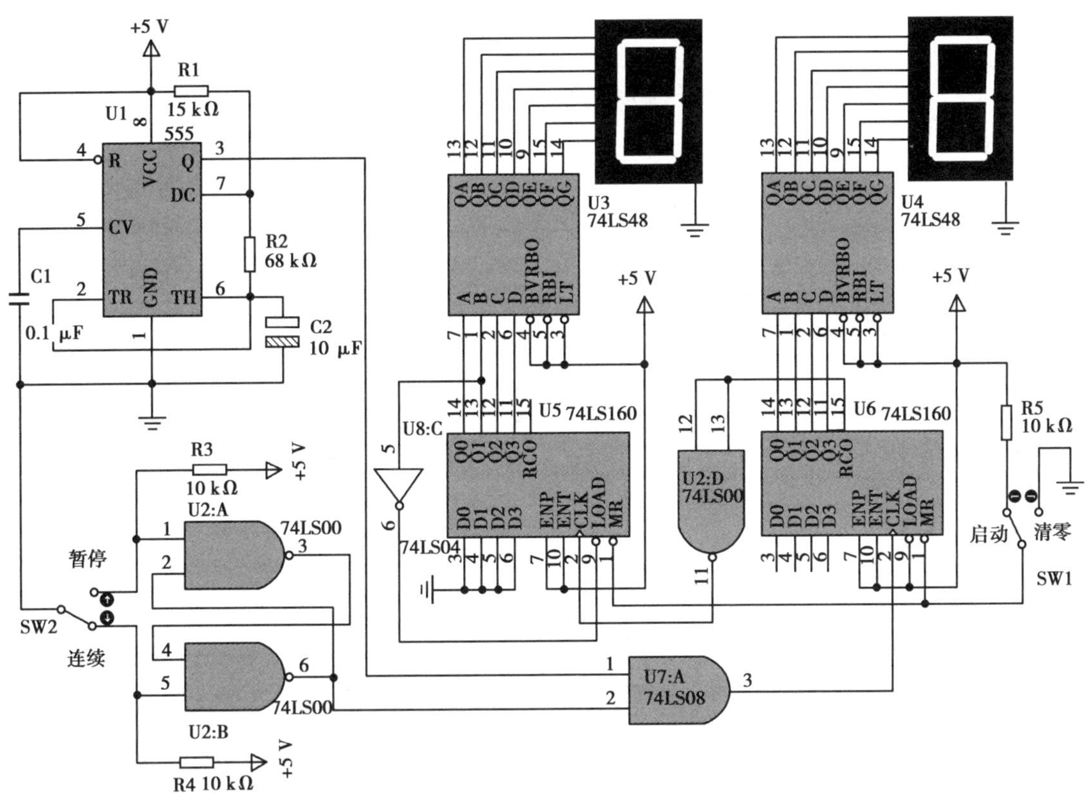

图 5.54　球赛 30 s 定时器电路

【教学评价】

表 5.26　教学评价表

评价项目	项目评价内容	分值	自我评价	小组评价	教师评价	得分
实际操作技能	1. 555 功能测试	20				
	2. 用 74LS00 芯片构成秒脉冲发生器	30				
理论知识	1. 脉冲发生器的基础知识	10				
	2. 555 的认识	10				
	3. 简述 555 引脚功能	5				
安全文明操作	1. 实验设备的正确使用	5				
	2. 元器件的摆放及实训台的整理	5				
学习态度	1. 出勤情况	5				
	2. 实验室和课堂纪律	5				
	3. 团队协作精神	5				
总分(100)						

任务5.4　三路抢答器的整机安装与调试

任务目标

1. 能够分析三路抢答器的工作原理。

2. 能够正确安装和调试三路抢答器。

【任务描述】

抢答器是通过设计电路,以实现如字面上意思的能准确判断出抢答者的电器。在知识竞赛、文体娱乐活动(抢答赛活动)中,能准确、公正、直观地判断出抢答者的座位号,更好地促进各个团体的竞争意识,让选手体验到战场般的压力感。

【任务准备】

(1)逻辑功能说明

1)抢答功能

该电子抢答器设有3个抢答开关 K_A、K_B、K_C,哪一路开关抢先按下,则该路抢答成功。某一路抢答成功,立即发出声音报告,同时该路信号灯亮,而其他两路抢答信号被封锁。

2)计时功能

计时器清零,作好抢答的准备工作;计时开始,抢答者可以回答问题,计时器动态显示回答所用的时间;计时时间到(可以预置为10 s或30 s),发出声音报警,同时计时器显示的时间被冻结。

(2)电路方框图

三路抢答器的组成框图如图5.55所示,它由7个模块组成,其中的抢答逻辑判断和计时脉冲发生器及计时器已经实现,分析其余几个模块的工作原理。

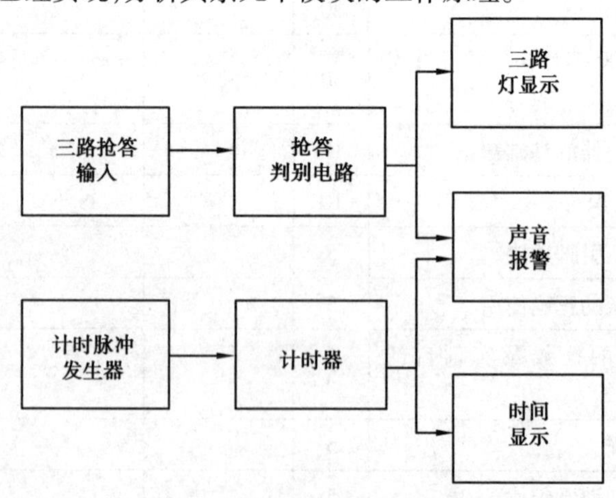

图5.55　三路抢答器组成框图

(3)工作原理分析

三路抢答器电气原理图如图5.56所示,分析三路抢答器的工作原理。

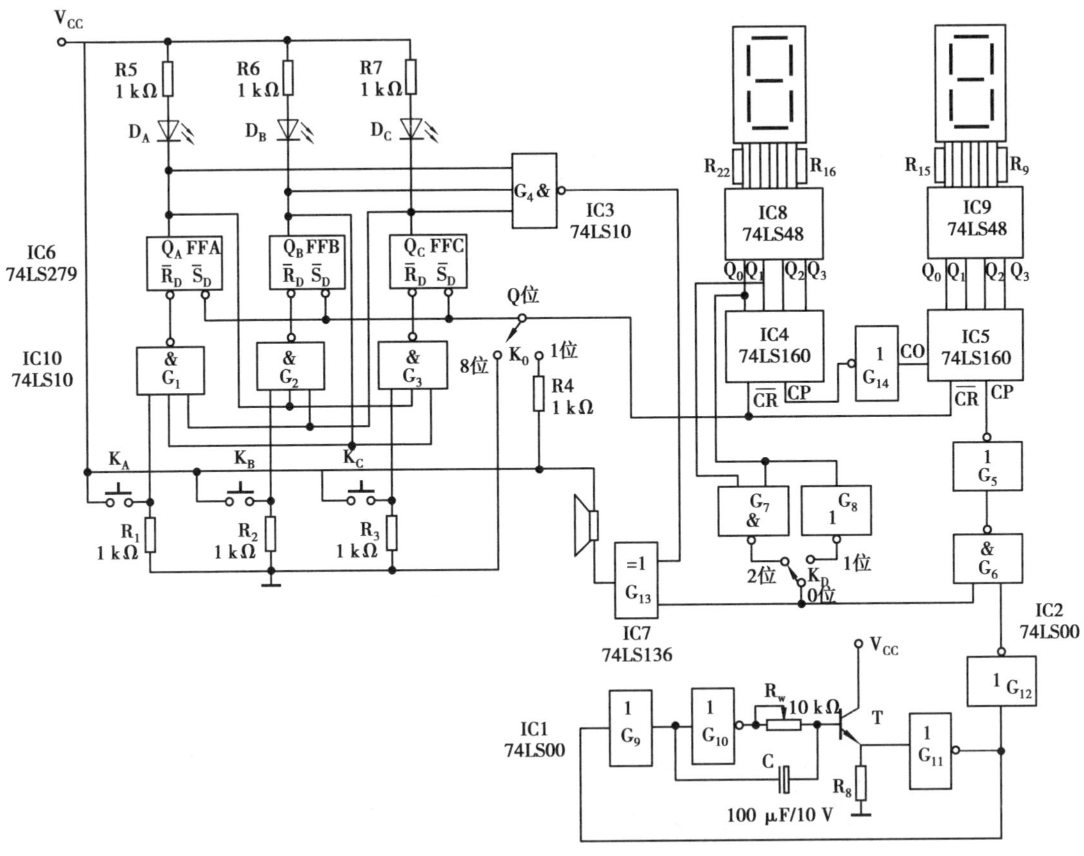

图 5.56　三路抢答器电气原理图

【任务实施】

(1)抢答判别逻辑电路

见任务 5.1。

(2)计时—显示逻辑电路

1)计时脉冲发生器——环形振荡器

见任务 5.3。

2)电路元件认识及逻辑功能复习

74LS160 计数器、74LS48 显示译码器、数码显示管。

3)计时—显示逻辑电路

①三十进制,十进制计时器工作原理(见任务 5.2)。

②开关 K_0 扳至“0”位,$\overline{CR}=0$,计数器清零。

③抢答开始,K_0 扳至“1”位,开始计数,同时译码、显示。

④定时时间到,$K_D=0$,封锁 G_6,CP 无法通过 G_6,计时停止。

(3)声音报警逻辑电路

复习异或门:相异为 1,相同为 0。

①有抢答信号,$G_4=1$,时间未到,G_7 或 $G_8=1$,$K_D=1$　$G_{13}=0$→声响报警,表示有抢答信号。

②无抢答信号，$G_4=0$，时间到，G_7 或 $G_8=0$，$G_{13}=0$→声响报警，表示时间到。

③无抢答信号，$G_4=0$；时间未到，G_7 或 $G_8=1$，$K_D=1$　$G_{13}=1$→无声响报警。

(4)三路抢答器的安装

①按照三路抢答器电路原理图整理电路元器件，并将整理的结果填写在表5.27中。

表5.27　三路抢答器元器件明细表

序号	元件符号	元件名称	型号	数量	单位	备注
1	IC1	四2输入与非门	CT74LS00	2	个	
2	R_1—R_4	电阻	RJ-1/8w-1 kΩ	4	个	

②在三路抢答器印制板上按照图5.57所示的粗黑线标注的位置安装短接线，要求横平竖直，贴板安装，安装好后用万用表测试一下线路是否接好。

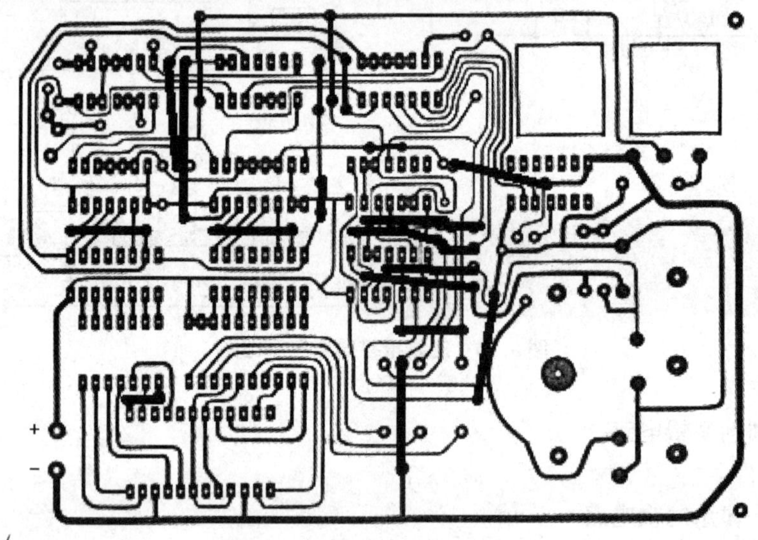

图5.57　三路抢答器印制板图

③按照明细表中的元器件位号安装元器件，要求先按照矮小元件，如电阻(贴板安装)，集成管座(注意缺口方向)，再安装电容、二极管、三极管、开关、蜂鸣器等高的元件。

(5)三路抢答器的调试

1)使用说明

先将抢答器的电源接在直流5 V的电源上，接通电源，观察数码管是否点亮，如果显示“00”，则接入正常；若显示不是“00”，需先按下“K_0”，进行“复位”，使数码管“清0”。当需要抢答和计时的时候，需要将“K_0”按起，开始计时，此时可以进行抢答，按下“K_A”“K_B”“K_C”进行抢答，抢答成功则对应的发光二极管点亮，同时蜂鸣器发出声音，此时其余两个按钮均不再起作用；如果在规定时间内无人抢答，计时时间到蜂鸣器同样发出叫声提示抢答“时间到”。计时时间由开关“K_D”进行设置：按下去为“30 s”，按起来为“10 s”。

2)调试安装及注意事项

①检查电源两端的电阻值(正常为几百到几千欧姆)。

先用万用表测试电路板电源之间有无短路,方法为:用万用表“1 k 或 10 k”电阻挡测试电路板正负极,如果万用表指针不动,则电路处于断路状态,可能电路焊接有虚焊或元器件有损坏;如果万用表指针指示电阻很小,则具有短路的可能;当用万用表测量电路板发现有短路或断路的情况时,应当检查电路是否存在焊接问题。正常情况下,测量出的电阻应该在几百 ~ 几千欧姆。

电源短路故障原因有焊点短接、接线错误、元件损坏。

②先插入 IC_1、IC_2(计时脉冲发生器)检查是否产生 CP 脉冲。

G11 输出端—IC_1(3 脚)　G12 输出端—IC_1(6 脚)

用万用表直流电压挡测量 CP 脉冲,指针来回摆动,此时可以调整脉冲的频率。

调整计时时间的方法:用万用表直流电压挡“5 V”或“10 V”,通电情况下测试 IC_1 的 3 脚或 6 脚,观察脉冲频率,同时调整电位器 R_W,对着手表进行调整,直到 $f=1$ Hz 为止。

如果没有脉冲应检查:

a. 三极管焊接错误、损坏。

b. IC_1 的供电、有无虚焊。

c. 电容器或电位器焊接错误、损坏。

③插入 IC_4、IC_5、IC_8、IC_9 和数码管检查译码电路。

故障原因如下:

a. 不计时:检查 CP 脉冲。

b. 显示乱码:检查译码器输出电平是否正确;检查数码管各段之间有无短接现象;限流电阻虚焊。

c. 数码管显示不全:数码管各段之间存在短接现象;数码管或译码器出现问题。

④插入 IC_3、IC_6、IC_7、IC_{10}(抢答电路)。

故障:

a. 不能抢答:K_A、K_B、K_C、K_0 接线是否正确。

b. 计时时间到不停止计时:检查 KD 接线有无错误、“K_D”本身有无问题。

c. 蜂鸣器不叫:检查 IC_7 的 G13 有无低电平输出;蜂鸣器本身有无故障。

【阅读材料】

电子技术是 20 世纪初发展起来的新兴技术,20 世纪发展最为迅速,应用最广泛,成为近代科学技术发展的一个重要标志。

21 世纪是以微电子技术(半导体和集成电路为代表)电子计算机和因特网为标志的信息社会;现代电子技术在国防、科学、工业、医学、通信(信息处理、传输和交流)及文化生活等各个领域中都起着巨大的作用。

基本电子器件有两个发展阶段:

①分立元件阶段(1905—1959 年),代表产品为**真空电子管、半导体晶体管**,如图 5.58、图 5.59 所示。

②集成电路阶段(1959—　),代表产品是小规模到超大规模集成电路(SSI、MSI、LSI、VLSI、ULSI 、GSI),见表 5.28。

(a)弗莱明（英国伦敦大学）

(b)世界上第一支真空二极管

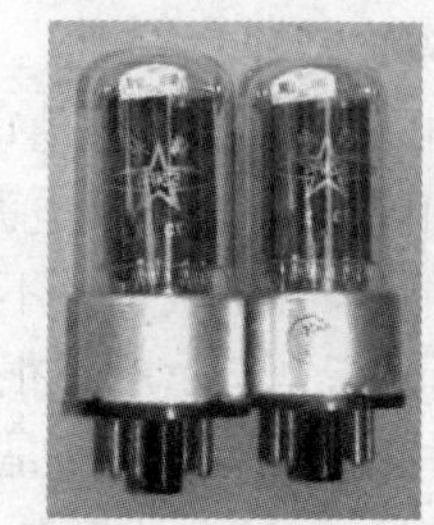

(c)20世纪70年代国产的“曙光”牌真空二极管

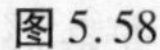

图 5.58

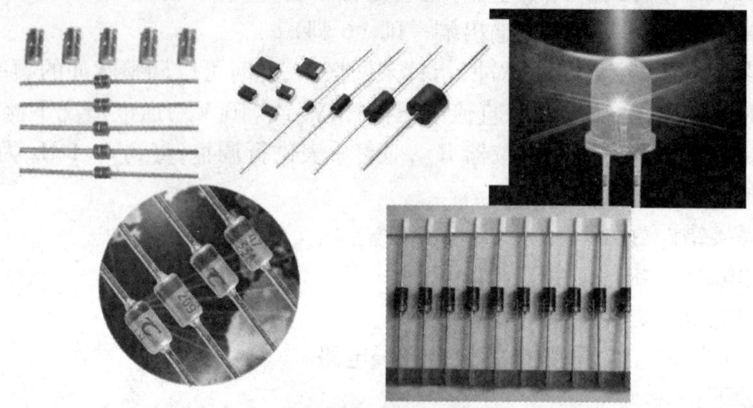

图 5.59　更轻、更小的分立元件半导体器件

表 5.28　集成电路发展时期简表

时　期	规　模	集成度/元件数
20 世纪 50 年代末	小规模集成电路(SSI)	100
20 世纪 60 年代	中规模集成电路(MSI)	1 000
20 世纪 70 年代	大规模集成电路(LSI)	>1 000
20 世纪 70 年代末	超大规模集成电路(VLSI)	10 000
20 世纪 80 年代	特大规模集成电路(ULSI)	>100 000

集成电路是在半导体平面管的基础之上发展起来的，又称为芯片，在一块半导体晶片(硅片)上，利用平面工艺制造出二极管、三极管、电阻和小容量的电容等元器件，并使它们相互隔离，然后互相引线，最后经封装而构成一个完整的电路。集成电路从小规模集成电路迅速发展到大规模集成电路和超大规模集成电路，从而使电子产品向着高效能、低消耗、高精度、高稳定、智能化的方向发展，如图 5.60、图 5.61 所示。

③纳米电子技术。

纳米电子学主要在纳米尺度空间内研究电子、原子和分子运动规律和特性。从微电子技术到纳米电子器件将是电子器件发展的第二次变革，与从真空管到晶体管的第一次变革相比，它含有更深刻的理论意义和丰富的科技内容。在这次变革中，传统理论将不再适用，需要发展新的理论，并探索出相应的材料和技术。

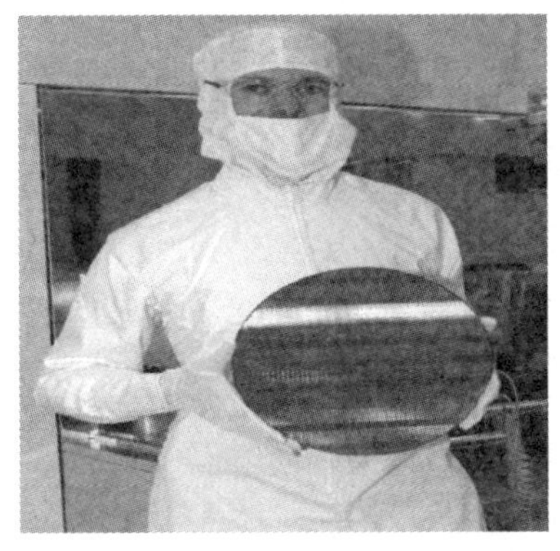
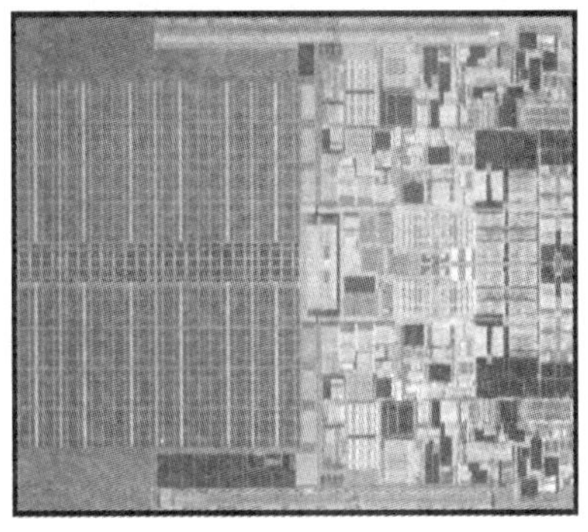

图 5.60　2007 年英特尔推出 45 nm 正式量产工艺

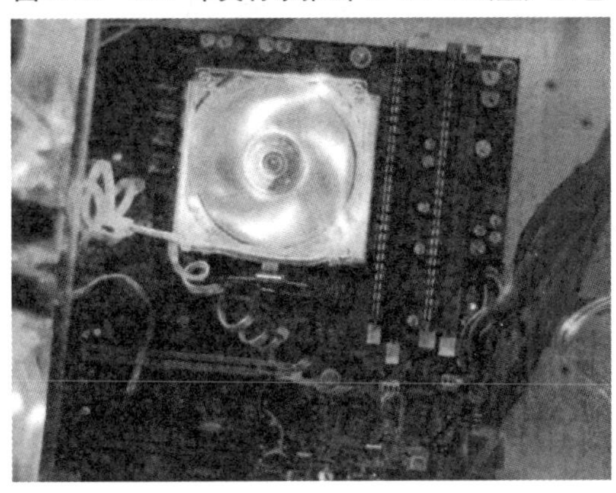

图 5.61　AMD 四核 Barcelona 处理器

【教学评价】

表 5.29　教学评价表

评价项目	项目评价内容	分值	自我评价	小组评价	教师评价	得分
实际操作技能	1. 元器件安装	20				
	2. 印刷板焊接	25				
	3. 调试(逻辑功能)	15				
	4. 绘图	10				
	5. 查阅技术资料	5				
安全文明操作	1. 实验设备的正确使用	5				
	2. 元器件的摆放及实训台的整理	5				
学习态度	1. 出勤情况	5				
	2. 实验室和课堂纪律	5				
	3. 团队协作精神	5				
总分(100)						

参考文献

[1] 郭桂叶. 电子技术基础[M]. 西安:西安交通大学出版社,2013.
[2] 童诗白,华成英. 模拟电子技术基础[M]. 5 版. 北京:高等教育出版社,2015.
[3] 阎石,王红. 数字电子技术基础[M]. 6 版. 北京:高等教育出版社,2016.